JN111551

LET'S ENJOY
THE ETYMOLOGY
OF
PALAEONTOLOGICAL NAME

古生物・恐竜 学名で楽しむ

監修 芝原暁彦　著 土屋健　絵 谷村諒

SUPERVISOR
AKIHIKO SHIBAHARA
AUTHOR
KEN TSUCHIYA
ILLUSTRATOR
RYO TANIMURA

EAST PRESS

はじめに

ティラノサウルス、デスモスチルス、アノマロカリス……。

生物には、さまざまな名前がつけられています。それは、現在を生きる生物も、すでに滅んだ古生物も同じです。

なぜ、こんなに覚えにくいカタカナ語なのでしょう？　漢字を使ってくれた方が、ニュアンスが伝わりやすいのに……。そう思ったことはありませんか？

生物の名前がカタカナで表記されている理由は、もともとこうした名前がアルファベットを使ってラテン語などの綴りでつけられているからです。たとえば、ここで挙げた3種類の古生物の名前は、「*Tyrannosaurus*」「*Desmostylus*」「*Anomalocaris*」と表記することが〝国際基準〟です。アルファベットを使い、ラテン語やギリシア語を使うことで、世界中の人々がこの名前を共有できます。

この名前を「学名」と呼びます。いわゆる「種名」は学名の一つで、正しくは「属名」と「種小名」から構成されます。例えば、「*Tyrannosaurus*」は属名で、この有名な恐竜の種小名は「*rex*」です。二つの単語をあわせた「*Tyrannosaurus rex*」が「種名」です。

属名と種小名の関係は、日本人にとっての「姓」と「名」に似ています。私たちが学校や職場で、姓だけを使って相手を呼ぶことが多いように、多くの場合でも属名だけを使ってその生物を呼び、必要に応じて種小名まで使います。本書には124種類の古生物の学名を収録し、その表記に関してはこの慣例に倣いました。

属名も種小名も、そこには意味があります。多くの場合で、その生物の何らかの特徴を表すことが望ましいとされています。ただし、それはあくまでも「望ましい」という推奨レベル。絶対的な約束事とは異なります。私たちの名前にさまざまな意味が込められているのと同じように、学名にも命名した研究者のさまざまな思いが込められています。

この本では、そんな「学名の意味とその背景」をまとめてみました。事典のように、五十音順に124種類の古生物の学名を並べてみましたので、気になった古生物から楽しんでみてください。なお、カタカナ表記は人によって表記の仕方の差が出ます。「あの古生物がいないな？」と思ったら、巻末のアルファベット索引も探してみてください。

学名の背景にある〝物語〟をご堪能ください。

2020年7月　サイエンスライター　土屋健

CONTENTS

CONTENTS

CONTENTS

No.001

［学名の意味］

太古の翼＋石版印刷

［学名］*Archaeopteryx lithographica*

アーケオプテリクス・リソグラフィカ

全長50センチメートル、翼開長70センチメートルほどの、いわゆる「始祖鳥」です。ドイツに分布する中生代ジュラ紀の地層から化石が報告されています。

太古とされる理由

「アーケオプテリクス」の「アーケオ」とは「太古の」という意味です。

この鳥類には、文字通り「古い」特徴をいくつか確認することができます。その特徴の一つが、口に歯があるということ。現生の鳥類の口はクチバシで、歯はありません。口に歯があるという特徴は、鳥類の祖先にあたる爬虫類（はちゅうるい）にみられる特徴です。

アーケオプテリクスが命名されたのは、1861年のことです。このころ、ヨーロッパでは「進化論」をめぐる大激論が起きていました。1859年にイギリスの自然科学者、チャールズ・ダーウィンが『種の起源』を発表。生物は不変のものではなく、ゆっくりと時間をかけ、世代を超えて少しずつ変化していくことが示されました。

アーケオプテリクスは、まさに〝変化の途中段階〟にある鳥類として注目されました。ダーウィンも『種の起源』を改訂するときにさっそく自説の証拠として、アーケオプテリクスに触れています。鳥類が爬虫類から進化した。その過程の動物こそが、アーケオプテリクスと考えられたのでした。

翼で羽ばたくことはできたのか

「アーケオプテリクス」の「プテリクス」は「翼」という意味で、その名が示すように化石には明確な翼の痕跡が確認できます。アーケオプテリクスが翼をもっていたことは疑いようがありません。

ところが、アーケオプテリクスの翼が「飛翔に使えたのかどうか」という点については、研究者によって見解が異なります。

翼を羽ばたかせ、空を飛ぶためには強力な胸筋が必要です。他の多くの動物化石と同じように、アーケオプテリクスの化石には筋肉は残っていません。しかし、筋肉がつく部位の骨は残っていました。この骨の大きさから、胸筋の量を推測することができます。アーケオプテリクスの場合、この骨が未発達であることから、空を羽ばたくのに十分な量の筋肉はなかったと考えられています。

一方で、アーケオプテリクスの脳構造を分析した研究によれば、アーケオプテリクスの脳は、空を飛ぶ鳥類と同じように空間認識能力に長けていたことが指摘されています。また、別の研究では、アーケオプテリクスの腕の骨は、羽ばたくことに耐えられるほど頑丈だったことも指摘されています。

つまり、アーケオプテリクスは、「飛ぶことができる脳」と「飛ぶことができる腕」をもちながら、「飛ぶことができない筋肉だった」ということになります。なんとも複雑なお話です。

石版印刷って何？

アーケオプテリクス属にはいくつかの種が報告されています。その中で最初に報告された種の種小名が「リソグラフィカ」です。

リソグラフィカは、「リソグラフィ」のことです。日本語では「石版印刷」といいます。石版印刷とは、磨いた石灰岩を使った印刷技術です。表面に油性インクで文字や絵を記録すると、インクの油分と石灰岩のカルシウムが反応して水を弾くという化学反応を利用して原版をつくります。つまり、石灰岩製の「ハンコ」をつくる技術といえます。石版印刷でつくられた版画のことを「リトグラフ」といいます。

アーケオプテリクスの化石産地であるドイツのゾルンホーフェンは、石版印刷用の石灰岩が採掘される場所として知られています。アーケプテリクスの化石自体、そうした石灰岩に含まれていたものです。ゾルンホーフェンの石灰岩を利用して作品をつくった画家には、マネ、ドガ、ロートレック、ゴーギャン、ドラクロワなどがいます。

なお、薄く割りやすいゾルンホーフェンの石灰岩は、住宅用の建材としても有名です。現代日本のホームセンターやインターネットでも購入することができます。床材として、さまざまな場所でも使われています。

No.002

［学名の意味］

太古のシダ植物

［学名］*Archaeopteris*

アーケオプテリス

アメリカやヨーロッパなどに分布する古生代デボン紀〜石炭紀の地層から化石が発見されています。前裸子植物という分類群に分類されます。

史上初の樹木？

アーケオプテリスは、知られている限り最も古い樹木の一つです。植物は遅くとも古生代シルル紀には陸で繁茂するようになりましたが、多くは小さなものでした。デボン紀中期に登場したアーケオプテリスは、樹高10メートル、幹の太さは直径1メートルに達しました。「太古」を意味する「アーケオ」が使われているのは、その〝立ち位置〟ゆえです。

シダ植物？　裸子植物？

「アーケオプテリス」の「プテリス」は「羽」を意味する言葉で、転じて、羽のような形の葉をもつシダ植物も指します。

前裸子植物であるアーケオプテリスには、シダ植物と裸子植物の両方の特徴があります。「プテリス」は、シダ植物のような形をしたその葉にちなんだものです。

ア
カ
サ
タ
ナ
ハ
マ
ヤ
ラ

No.003

［学名の意味］

鉄床のような帆

［学名］*Akmonistion*

アクモニスティオン

イギリスのスコットランドに分布する古生代石炭紀の地層から化石がみつかった軟骨魚類です。背びれの上端が水平方向に広がっていて、そこには歯のような形の小さな突起がびっしりと並んでいました。

鉄床って？

鉄床（かなとこ）とは、金属でできた台のことです。上面が広がっていて、上面の一端は尖（とが）っています。この台を使って、鍛造（加熱した金属を打ちのばし、粘り強さを与える作業）や板金（常温の金属を成型加工をする作業）を行います。アクモニスティオンは、背びれの形状は、まさに鉄床に似ていることからその名前がついています。ただし、アクモニスティオンとはちがって、実際の鉄床の上面は平らになっています。「鉄敷（かなしき）」と呼ばれることもあります。

ア
カ
サ
タ
ナ
ハ
マ
ヤ
ラ

No.004

［学名の意味］

足寄町

［学名］*Ashoroa*

アショロア

新生代古第三紀漸新世（約2800万年前）の哺乳類で、知られている限り最古の束柱類です。全長1.8メートルほど。そもそも「束柱類」とは、「柱が束になった臼歯」をもつことに由来するグループ名ですが、アショロアの臼歯は「こぶが並んだ」程度で、まだ“束柱”になっていませんでした。

▶関連項目：デスモスチルス（185ページ）、パレオパラドキシア（231ページ）。

東柱類の町、足寄町

名前の由来である「足寄町（あしょろ）」は、アショロアの化石産地です。北海道中東部に位置し、人口は約7000人（本書執筆現在）。面積は1408・04平方キロメートルで、〃平成の大合併〃が本格化した2000年代の半ばまでは、日本一広い行政面積をもっていました。気候は寒暖の差が大きく、降水量、降雪量が少なく、日照時間も長いことが特徴です。

特に新生代古第三紀の海棲哺乳類の化石産地として知られ、原始的なクジラの化石なども発見されています。町の中心近くにある足寄動物化石博物館は、特に束柱類の展示が充実していることで有名です。もちろん、アショロアの展示もあります。筆者（土屋）のおすすめの博物館の一つでもあります。

No.005

[学名の意味]

一風変わった歯

[学名] *Atopodentatus*

アトポデンタトゥス

中国に分布する中生代三畳紀の地層から化石が発見された海棲爬虫類です。全長2.8メートル。頭部の先端がまるで金槌の頭のように左右に広がり、そこにはのみのような形の歯が1列に並んでいました。さらに口の両端にある歯は、細い釘のような形をしていました。その名の通り、「一風変わった歯」の持ち主です。

もっと変わっていた

アトポデンタトゥスの2014年の復元。

アトポデンタトゥスとして現在復元されている姿（前ページのイラスト）は、2016年に発表されたものです。

しかし実はこの名がついたのは、2014年。そのときに発表されたアトポデンタトゥスの姿は、現在のような〝金槌（かなづち）の頭〟ではありませんでした。

2014年にこの動物が報告されたとき、頭部は「一風」どころではなく、「かなり」変わっていました。上顎の先端が急角度で下に向いたクチバシ状になっており、そのクチバシの中央部分に切れ込みがあって、左右に割れていたのです。下顎は割れてはいないものの、まるでシャベルのような形をしていました。そして、上顎に350本以上、下顎に280本以上の細かい歯が並んでいました。この動物を報告した研究者たちは、この独特の顔つきに対して「比類なき異常な形態」と表現しています。

こうして鳴り物入りで登場したアトポデンタトゥスは、しかし不完全な標本に基づいて復元されていたのです。2016年に復元された姿は、新たに発見されたより完全な標本によるものです。

No.006

[学名の意味]

奇妙なエビ＋カナダ

[学名] *Anomalocaris canadensis*

アノマロカリス・カナデンシス

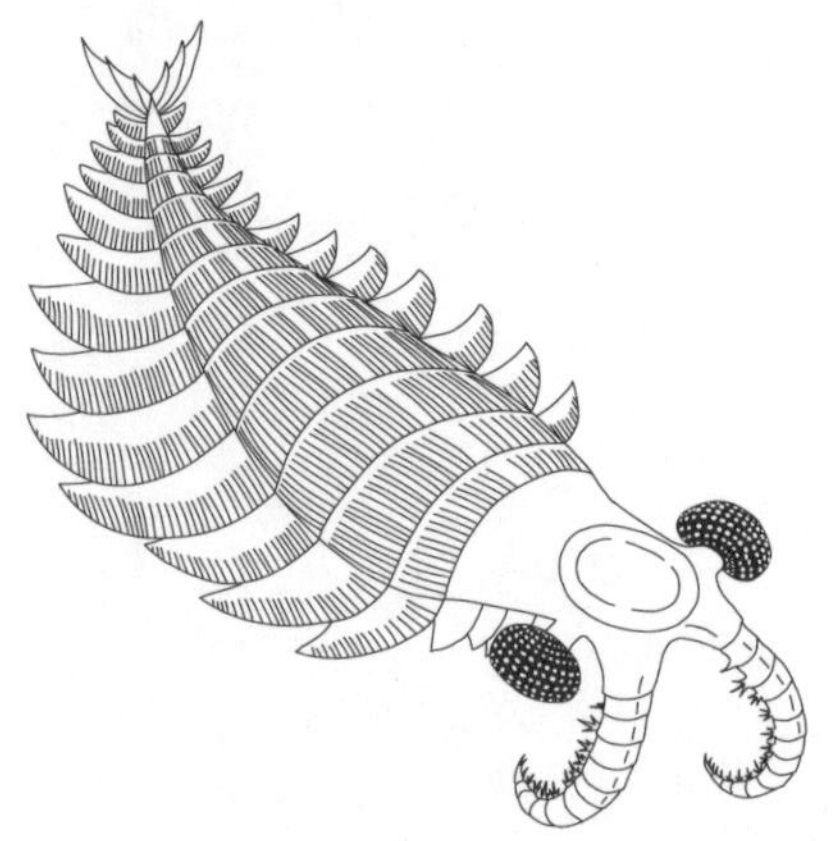

カナダに分布する古生代カンブリア紀の地層から化石が発見されている海棲動物です。全長は1メートルほどで、カンブリア紀のものとしては突出して大きいサイズ。内側にトゲが並ぶ大きな触手（付属肢）が2本、頭部の先端についていました。頭部の両脇には、左右に向かってのびる太くて短い柄が1本ずつ。その先には細かなレンズがびっしりと並んだ大きな複眼があります。また、頭頂部には“甲皮”があったようです。からだ自体は柔らかく、その両脇にはひれが並び、背中にはエラがあったとみられています。

なぜ、「エビ」なのか

アノマロカリス・カナデンシスの化石が初めて報告され、その名前がつけられたのは、１８９２年のこと。このとき発見されたのは、長さ10センチメートルほどの触手部分だけでした。この化石を報告した研究者は、これを触手とは考えず、エビのような甲殻類の腹部と考えました。そのため、「奇妙なエビ」を意味する「アノマロカリス」の名前がつけられたのです。

ちなみに、１９１１年になると、のちにアノマロカリスの胴体とされる化石、口器とされる化石も発見されました。ただし、当時はこれらも胴体や口器とはみなされずに、それぞれナマコ、クラゲとみなされて、ナマコは、「ラッガニア・カンブリア（*Laggania cambria*）」、クラゲは「ペイトイア・ナトルストアイ（*Peytoia nathorsti*）」と名付けられています。

紆余曲折の復元史

まったく別の3種とみなされていた化石が、実は一つの動物のものではないか。そう考えられるようになったのは、20世紀の後半になってからのことです。

アノマロカリス・カナデンシスの姿が復元されるその歴史を紐解（ひもと）くと、「アノマロカリス・ナトルストアイ（*Anomalocaris nathorsti*）」という動物の復元が密接に関わっていることがわかります。「ナトルストアイ」は、「ナトルスト」という名前の研究者にちなむものです。

アノマロカリス・カナデンシスとアノマロカリス・ナトルストアイ。この2種の復元史を多少なりともややこしくしている背景には、「先取権の原則」があります。異なる2種の生物が実は1種であると明らかになった場合、その学名は先につけられた名前が採用されるという原則です。

話を戻します。１９７０年代から１９８０年代にかけての研究で、ナマコと考えられていたラッガニア・カンブリアと、クラゲと考えられていたペイトイア・ナトルストアイが実は同じ動物の胴体と口器であると明らかになりました。

そしてこの動物は、アノマロカリス・カナデンシスのそれとよく似ているもの、少し異なる触手をもっていたのです。

そこで、アノマロカリス・カナデンシスの「アノマロカリス」と、ペイトイア・ナトルストアイの「ナトルストアイ」が採用され、「アノマロカリス・ナトルストアイ」と命名されました。アノマロカリス・カナデンシスと似ている触手なので属名だけ流用され、そして、ラッガニア・カンブリアと、ペイトイア・ナトルストアイでは、ペイトイア・ナトルストアイの方が先に報告されていたので、ペイトイア・ナトルストアイの種小名である「ナトルストアイ」だけ流用されたのです。このとき、アノマロカリス・カナデンシス自体の姿はよくわかっていなかったものの、アノマロカリス・ナトルストアイによく似た動物として復元されました。

１９９０年代になると、アノマロカリス・カナデンシスの良質な化石標本が発見され、その姿は実は、アノマロカリス・ナトルストアイとあまり似ていないことが明らかになりました。

その結果、アノマロカリス・カナデンシスより復元は先にされていても、命名は後だったアノマロカリス・ナトルストアイは、学名の変更を余儀なくされました。「アノマロカリス」の属名が使えなくなったのです。

このとき、アノマロカリス・ナトルストアイの口器とされていたペイトイア・ナトルストアイは、実はアノマロカリス・カナデンシスの口器であるとも指摘されました。アノマロカリス・ナトルストアイの口器は別の形をしているのではないか、とされたのです。その結果、アノマロカリス・ナトルストアイの「ナトルストアイ」も使えなくなりました。この名前は、あくまでも口器につけられていた学名だからです。

結果として、アノマロカリス・ナトルストアイと呼ばれていたものは、そのからだをつくるパーツの一つ、ラッガニア・カンブリアが採用されることになります。

こうして、アノマロカリス・カナデンシスと、その近縁にあたるラッガニア・カンブリア（旧アノマロカリス・ナトルストアイ）という2種が復元され、名前も落ち着いた……かに見えました。

しかし、2012年。ペイトイア・ナトルストアイは、実はアノマロカリス・カナデンシスの口器ではないことが明らかになりました。よく似ているものの、形が異なっていたのです。そして、やはりラッガニア・カンブリアの口器こそが、ペイトイア・ナトルストアイであると判明しました。

ラッガニア・カンブリアとペイトイア・ナトルストアイでは、ペイトイア・ナトルストアイに学名の優先権があります。そこで、かつてアノマロカリス・ナトルストアイと呼ばれ、その後、ラッガニア・カンブリアと呼ばれていたものは、２０２０年の本書執筆現在、ペイトイア・ナトルストアイと呼ばれています。

一方、アノマロカリス・カナデンシスは、２０１４年になって、頭部に円形の〝甲皮〟をもち、背中にエラが並んでいることが指摘されました。こうしたアノマロカリスの復元史にご興味をもたれたのであれば、ぜひ、拙著の『アノマロカリス解体新書』（ブックマン社）をご覧ください。

No.007

［学名の意味］

惑わすトカゲ

［学名］*Apatosaurus*

アパトサウルス

アメリカに分布する中生代ジュラ紀後期の地層から化石がみつかっている植物食恐竜で、竜脚類というグループに分類されています。小さな頭、長い首、太い胴体に柱のような四肢、そして長い尾という、竜脚類として典型的ともいえる姿をしていました。

何が惑わす？　それとも、惑わされている？

19世紀にその最初の化石が発見されたとき、モササウルス類の骨と見分けがつきにくく、研究者は苦労したそうです。そこで「惑わす」という意味の「アパト」が採用されています。

▼関連項目：モササウルス（303ページ）。

No.008

［学名の意味］

歩くクジラ

［学名］*Ambulocetus*

アムブロケトゥス

パキスタンに分布する新生代古第三紀の地層から化石が発見されている全長3.5メートルのクジラです。ただし、「クジラ」とは言っても、短い四肢をもっていました。「毛の生えたワニ」といわれるほど、ワニに似た風貌の持ち主です。

クジラなのに歩く？

現在の地球に生きるクジラは、後肢がなく、前脚がひれとなった水棲（すいせい）の哺乳類です。ただし、その祖先は陸にいて、カバと同じ祖先から誕生したと考えられています。

アムブロケトゥスは、そうしたクジラの進化の過程にいるとされる動物です。もともと内陸で暮らしていた祖先が、海で暮らすようになった、まさにその時期の姿を現しているとみられています。▼関連項目：インドヒウス（53ページ）、パキケトゥス（210ページ）。

どこで暮らしていたのだろう？

「歩くクジラ」であるアムブロケトゥスは、どこで暮らしていたのでしょうか？

アムブロケトゥスの化石がみつかる場所の近くから、陸上哺乳類の化石と、海棲の巻貝の化石がみつかっています。また、アムブロケトゥスの歯の化石が調べられたところ、その歯をつくる元素は、淡水に〝多く〟含まれているものでした。こうした各データは、アムブロケトゥスが淡水と海水が混ざるような、河口や海岸付近に生息していたことを示唆しています。河口で、ワニのようにからだの大半を水中に沈め、水を飲みにやってきたり、川を渡ろうとしたりする獲物を狙っていたのかもしれません。

一方で、2016年に発表された研究では、アムブロケトゥスの肋骨(ろっこつ)は、陸上を歩くことに耐えられず、浮力のある水中用であることが指摘されています。ワニのような半水半陸の生態ではなく、完全な水棲だったとのことです。

こうして現在では、アムブロケトゥスの生息環境について、半陸半水棲説と、完全水棲説があります。決着をみるには、新たな化石の発見とその分析が何よりも必要です。しかし、実はアムブロケトゥスの化石が発見された地域は、近年、治安が悪化し、古生物学者が調査に入れない状況となっています。古生物学の進展には平和は欠かせない。アムブロケトゥスは、そんな当たり前のことを私たちに再認識させる存在でもあるのです。

No.009

［学名の意味］

白山トカゲ

［学名］*Albalophosaurus*

アルバロフォサウルス

石川県に分布する中生代白亜紀前期の地層から化石がみつかった全長1.3メートルほどの植物食恐竜です。「角脚類」という原始的なグループに属していました。

学名に隠された山

「アルバロフォサウルス」という学名は、一見すると日本とは無縁に見えます。しかし、この学名の「アルバ」には「白」という意味があり、「ロフォ」には「稜」という意味があります。あわせて「白い稜」となり、転じてこれは「白山」を指しています。

白山は、御前峰をはじめとしたその周辺の連峰の総称で、4県にまたがる白山国立公園内にあります。最高峰の御前峰の標高は、2702メートルに達します。この高さは、日本の活火山としては富士山、御嶽山、乗鞍岳に続く4番目です。北陸3県で最大の都市である金沢市内からも天気が良い日には見ることができる山です。「霊峰」としてよく知られています。

アルバロフォサウルスは、白山の麓の自治体である白山市から産出しています。もちろん、白山市の「白山」は、霊峰白山にちなむもの。もともと松任市、美川町、鶴来町、河内村、吉野谷村、鳥越村、尾口村、白峰村という1市2町5村の自治体が、いわゆる「平成の大合併」で2005年（平成17年）に合併して誕生しました。アルバロフォサウルスが命名される4年前のことです。

白山市には、白山を中心とした山地から日本海まで変化に富む地形があり、一級河川の手取川（てどりがわ）を擁しています。人口は約11万４０００人。これは、石川県においては第2位の多さで、石川県全体の約10分の1に相当します。

No.010

[学名の意味]

アンドリューズ指揮官

[学名] *Andrewsarchus*

アンドリューサルクス

モンゴルに分布する新生代古第三紀の地層から化石が発見されている肉食哺乳類です。頭胴長は3.5メートルに達し、陸棲の肉食哺乳類としては史上最大級。頭部が大きく、頭胴長の4分の1を占めていることが特徴です。そして、その大きな頭部においては、吻部（ふんぶ）がとても長く、そこにはがっしりとした太い歯が並んでいました。絶滅した哺乳類グループであるメソニクス類の代表的な存在といえます。

探検家アンドリューズ

名前を献じられている人は、ロイ・チャップマン・アンドリューズ。１８８４年生まれのアメリカ人で、探検家にして冒険家。そして、古生物学者でもあり、考古学者、植物学者、動物学者、地質学者、地勢学者でもあったというとんでもない人物です。アメリカ自然史博物館中央アジア探検隊モンゴル遠征部隊の指揮官として、モンゴルを数度にわたって探検、調査し、多くの発見をしました。

古生物学関連の実績としては、恐竜の卵化石の発見、角竜類プロトケラトプス（*Protoceratops*）の化石、ヴェロキラプトル（*Velociraptor*）の化石をはじめとして、哺乳類に関しても多数の新発見をしています。このうち、恐竜の卵化石の発見に繋（つな）がった調査において、アンドリューズの探検隊が北京を出発した4月17日を「恐竜の日」と呼ぶことがあります。

１９３５年から１９４２年にかけてアメリカ自然史博物館の館長として活動。１９６０年に没しました。享年76歳。

なお、スティーブン・スピルバーグ監督の映画「インディー・ジョーンズシリーズ」において、主人公の考古学者インディアナ・ジョーンズのモデルが、アンドリューズであったという指摘があります。

No.011

［学名の意味］

アモン神のようなユリ

［学名］*Ammonicrinus*

アンモニクリヌス

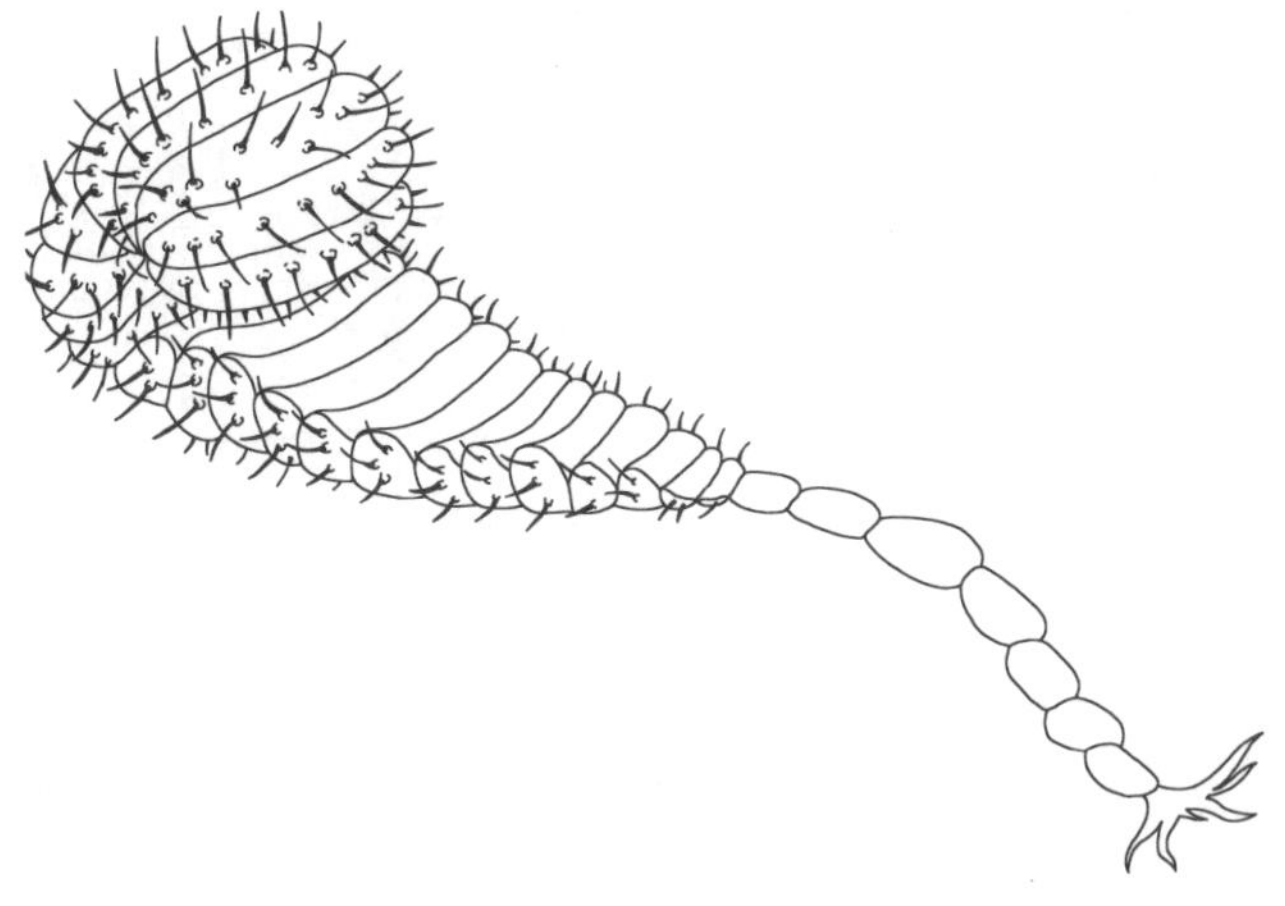

ヨーロッパに分布する古生代デボン紀中期の地層から化石がみつかっています。からだの下部は細い茎のような構造で、上部ほどその茎はしだいに幅広のシート状になり、最上部はくるっと丸まっています。長さは数センチメートルほどのものが多く、10センチメートルに達するものはほとんどいません。

アモン神

「アモン神」は、「アンモナイト」の語源にも使われているエジプトの神です。もともとは、地域の神々の一柱でしたが、紀元前20世紀にはじまるエジプト中王国時代にテーベ出身のファラオたちが崇(あが)めるようになったことで、エジプトの神々の中でも高い地位をもつようになりました。紀元前16世紀以降の新王国時代には、国を代表する神として扱われています。名前の意味は「隠れたるもの」「目に見えないもの」「とどまるもの」「内在するもの」。創造主の役目をもち、生殖も司る神とされ、新王国時代には宇宙を支配する全能神とされていたようです。世界創造に先立って存在していた神秘的な神ともされています。

多くの場合では、アモン神は青色の肌をもつヒトの姿で描かれています。青色は、「豊穣(ほうじょう)」を意味する色でした。トキ、雄羊、ガチョウ、ヘビなどに関連づけて描かれており、このうち雄羊の頭部をもつ人身で描かれたものが、アンモニクリヌスやアンモナイトなどで用いられる「アンモ」の由来です。アモン神の頭部にある羊のツノと形が似ていることが名前の由来となっているのです。

ユリといえども、植物じゃない

アンモニクリヌスだけを見ていると、「なぜ、これがユリなのか」と思うかもしれません。「ユリ」の由来を知るには、アンモニクリヌスの属するグループのことを知る必要があります。

アンモニクリヌスは、その名も「ウミユリ類」というグループに属しています。ウミユリ類は「ユリ（百合）」という言葉を使うものの、植物のユリとは関係ありません。ウミユリ類は、より広いグループである「棘皮動物（きょくひどうぶつ）」を構成しています。棘皮動物には、ほかにもヒトデ類やウニ類があります。

ウミユリ類は植物ではありません。しかし、典型的なウミユリ類は、まさに植物のようなからだつきをしています。細い「茎」があり、その先に「萼（がく）」があり、そして、そこから花びらのようにたくさんの「腕」をのばしているのです。茎の下端を海底や海底付近のコケムシなどにくっつけて直立し、腕でプランクトンや有機物などを捕まえて、萼にある口に運んでいます。特に古生代に繁栄し、現在でもその子孫が深海底に生き残っています。

こうした典型的なウミユリ類の姿と比べると、アンモニクリヌスの姿はいささか特殊です。一見しただけでは茎以外の部分が見当たりませんが、実はくるっと丸くなった部分に、萼と腕が収納されています。

餌をとるための腕を水中にのばしていないことが、アンモニクリヌスの特徴です。おそらくこの丸まった部分を緩めたり、引き締めたりすることで水流を発生させていたと考えられています。そうすることで、幅広の茎を通して萼まで水流を運び、その水流に含まれる有機物を食べていたようです。ちょっと変わった姿と生態をしていますが、その形態と生態は、間違いなくウミユリ類のそれなのです。

No.012

［学名の意味］

イカロストカゲ

［学名］*Icarosaurus*

イカロサウルス

アメリカに分布する中生代三畳紀の地層から化石がみつかっている全長20センチメートルほどの爬虫類です。肋骨が腹側にまわりこまずに側方へのびていて、翼をつくっていました。この翼を使い、高い場所から低い場所へと、滑空していたとみられています。

イカロス

「イカロサウルス」は、ギリシア神話に登場するイカロスにちなむものです。イカロスは、楽曲『勇気一つを友にして』の題材としても知られています。

ギリシア神話において、イカロスはクレタ島にミノタウロスを幽閉するための迷宮を建造したダイダロスと、クレタ島の王に仕える女奴隷の間に生まれました。

父ダイダロスが、迷宮の脱出法を漏らした罪（冤罪）によって幽閉されることになり、イカロスも同じ生活をすることになります。

しかし、ダイダロスは〝稀代の発明家〟としての側面をもち、鳥の羽を蝋でかためた翼をつくり出します。父子ともにその翼をつけてクレタ島からの脱出を図りますが、イカロスは父の忠告を無視して高度を上げてしまいます。その結果、太陽の熱で蝋が溶け、翼が崩壊し、墜落して死亡しました。その遺体は、のちに海岸に打ち上げられ、英雄ヘラクレスによって埋葬されたと伝えられます。なお、「イーカロス」と表記されることもあります。

ア

カ

サ

タ

ナ

ハ

マ

ヤ

ラ

No.013

［学名の意味］

イグアナの歯

［学名］*Iguanodon*

イグアノドン

ヨーロッパに分布する中生代白亜紀前期の地層から化石がみつかっている植物食恐竜です。全長は8メートル。前脚の第1指が鋭く尖(とが)っていることが特徴です。

「恐竜」を〝つくった〟

「イグアノドン」という学名は「イグアナの歯」という意味です。これは、最初に発見された歯化石が、現生のイグアナの歯とよく似ていたことにちなみます。

イグアノドンはその姿形よりも、「恐竜」という言葉が生まれるきっかけとなった恐竜として知られています。

イグアノドンの最初の化石は、１８２０年代のイギリスで、ギデオン・マンテルという医師とメアリー・アンの夫妻によって発見され、そして最初の研究がなされました。１８２５年、マンテルは自身の研究をまとめ、全長18メートル以上のまだ見ぬ巨大な爬虫類(はちゅうるい)として報告し、歯の形から「イグアノドン」と名付けたのです。

この時点では、「恐竜」という言葉はまだ存在しません。19世紀初頭の人々には、そんな古生物のグループが存在するとは認識されていなかったのです。

しかし、イグアノドンの名前が報告される前年に、イギリスのウィリアム・バックグランドという地質学者が、大型の爬虫類のものとみられる化石を発見し、報告しています。

その爬虫類には、「大きなトカゲ」を意味する「メガロサウルス（*Megalosaurus*）」という名前が与えられました。メガロサウルスは全長18メートル以上の大型の肉食性爬虫類と考えられていました。

　そして1833年になってマンテルが、のちに鎧竜類とされる爬虫類の化石を発見、報告し、「森林のトカゲ」を意味する「ヒラエオサウルス（*Hylaeosaurus*）」という学名を与えます。

　メガロサウルス、イグアノドン、ヒラエオサウルス。この3種類の爬虫類を同じグループとしてまとめてしまおう。1842年になって、イギリスの古生物学者のリチャード・オーウェンがそう提案し、「恐竜類（Dinosauria）」という言葉が生まれました。マンテルが「イグア

イグアノドンの初期復元。

ナの歯」と名付けたその化石は、〝恐竜類誕生〟の一翼を担ったのです。

ちなみに、かなりの大型種として報告されたイグアノドンとメガロサウルスですが、今日ではイグアノドンの全長は8メートルほどに、メガロサウルスの全長は6メートルほどに落ち着いています。

ア
カ
サ
タ
ナ
ハ
マ
ヤ
ラ

No.014

［学名の意味］

イスチグアラスト

［学名］*Ischigualastia*

イスチグアラスティア

アルゼンチンに分布する中生代三畳紀後期の地層から化石がみつかっている単弓類です。当時の単弓類としては大型で、全長3メートルほどでした。

世界遺産

「イスチグアラスティア」の名前の由来となっている「イスチグアラスト」は、アルゼンチン北西部のサン・ファン州にあるイスチグアラスト州立公園のことです。イスチグアラスト州立公園は、北東側の隣のラ・リオハ州にあるタランパヤ国立公園とあわせて、「イスチグアラスト／タランパヤ自然公園群」として、ユネスコの世界自然遺産に登録されています。

イスチグアラスト／タランパヤ自然公園群は、奇岩や絶壁を数多く見ることのできる地域で、その面積は、２７５０平方キロメートルにおよびます。東京都１・３個分に相当する広さです。

そんなイスチグアラスト／タランパヤ自然公園群には三畳紀後期の地層が分布しており、エオラプトルなどの初期の恐竜化石を産出しています。恐竜たちが出現したときの生態系を知るうえで重要とされ、注目されています。▼関連項目：エオラプトル（71ページ）。

No.015

［学名の意味］

インドのイノシシ

［学名］*Indohyus*

インドヒウス

インドに分布する新生代古第三紀の地層から化石が発見されている哺乳類です。頭胴長40センチメートルほどで、「ずんぐりしたシカのような体形」と表現されます。半陸半水棲の生態でした。

イノシシ？

インドヒウスの「ヒウス」は、「イノシシ」という意味です。インドヒウスは、偶蹄類（ぐうているい）というグループに分類されています。このグループは、文字通り偶数本の蹄をもち、イノシシやブタ、カバなどが分類されます。「クジラ類誕生の鍵を握る種」は、イノシシたちの仲間なのです。

クジラ類の進化に重要なインド地方

インドヒウスは、「クジラ類誕生の鍵を握る種」ではありますが、クジラ類には属していません。あくまでも、クジラ類に〝近い存在〟です。一つの動物群の誕生にせまるためには、その動物群における原始的な種と近縁の種の両方の分析が必要です。そのため、パキケトゥスなどの初期のクジラ類の分析とあわせ、インドヒウスの研究もまた重要とみられています。インドやパキスタンでは、こうしたクジラ類の誕生に関するとされる化石が多数発見されています。

▼関連項目：パキケトゥス（210ページ）、アムブロケトゥス（32ページ）。

No.016

［学名の意味］

歌津のトカゲ

［学名］*Utatsusaurus*

ウタツサウルス

宮城県に分布する中生代三畳紀初頭の地層から化石がみつかっている魚竜類です。「歌津魚竜」の和名でも知られています。全長2メートルほど。魚竜類は進化が進むと現生のイルカのような姿になります。しかし、ウタツサウルスは魚竜類の中でも最も原始的な種の一つで、その姿はイルカというよりも「鰭脚（ひれあし）の生えたトカゲ」と評されています。

歌津とは？

ウタツサウルスの「歌津」とは、現在の宮城県南三陸町の北部地域にあった歌津町のことです。平成の大合併が進んでいた2005年、歌津町は南に隣接していた志津川町と合併し、南三陸町となりました。現在の南三陸町は、人口約1万3000人。東は太平洋、西と南北は標高300〜500メートルの山々に囲まれています。沿岸部にはリアス式海岸が発達しています。

歌津地区の重要性

約2億5200万年前、古生代が終了し、中生代がはじまりました。三畳紀は中生代最初の地質時代にあたり、歌津地区にはその初頭の地層が分布しています。三畳紀初頭の地層は世界的にみても珍しく、古生代末に発生した史上最大・空前絶後の大量絶滅事件からどのように生態系が回復していったのかを知るための重要な情報が眠っているとみられています。初期の魚竜類であるウタツサウルスの化石は、そうした重要情報の一つです。

No.017

［学名の意味］

洞窟のクマ

［学名］*Ursus spelaeus*

ウルスス・スペラエウス

ユーラシア大陸北部に点在する多くの洞窟から化石がみつかるクマです。新生代第四紀に生きていました。全長2メートルほどで、現生のヒグマなどと比べると、頭が大きく、足が短め、という特徴があります。

「洞窟」の名をもつ動物たち

「ウルスス・スペラエウス」の「ウルスス」は「クマ」、「スペラエウス」は「洞窟」を意味します。「ホラアナグマ」という和名もあります。古生物には、ほかにも「スペラエウス」と同じ意味の「スペラエア」をもつものとして、「ホラアナライオン」とも呼ばれている「パンセラ・スペラエア（*Panthera spelaea*）」や「ホラアナハイエナ」とも呼ばれる「クロクタ・スペラエア（*Crocuta spelaea*）」がいます。

こうした動物たちの化石は文字通り洞窟から発見されています。洞窟は、雨風を凌(しの)げるため、化石が状態の良いまま保存されることが多いのです。

アカサタナハマヤラ

No.018

［学名の意味］

エーギルのヘルメット

［学名］*Aegirocassis*

エーギロカシス

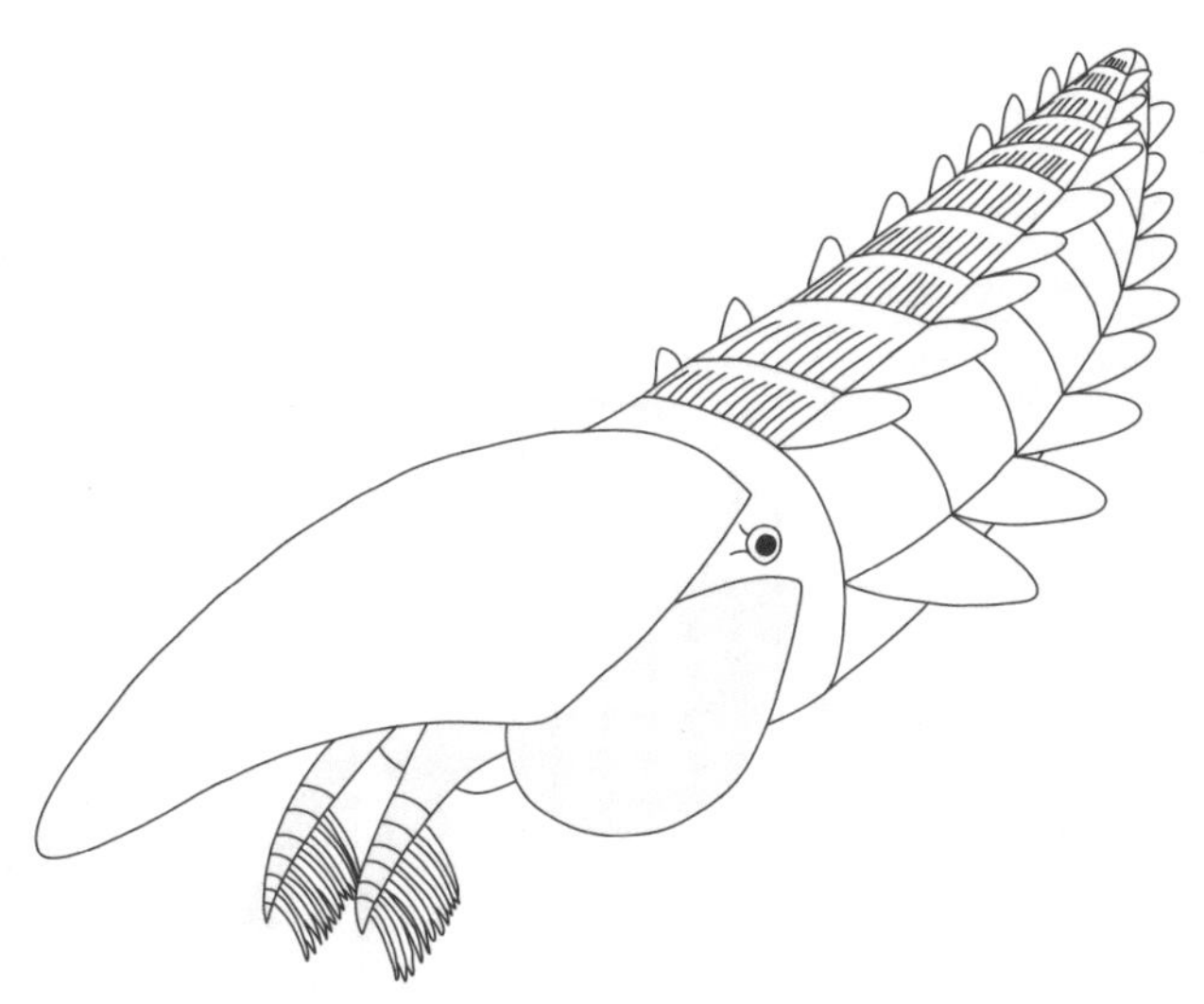

モンゴルに分布するオルドビス紀初期の地層から化石がみつかっているラディオドンタ類（アノマロカリスの仲間）です。全長は2メートルほどで、当時の動物としては最大級。からだの側方に上下2列のひれをもっていました。プランクトン食者だったとみられています。

巨人エーギル

エーギルは、北欧神話に登場する海の巨人であり、海の神でもあります。その名は、「波間の存在」という意味で、「ギュミール」や「フレール」と呼ばれることもあります。神々のためにビールを醸造したことでも知られています。妻は、死者の国の海で、死んだ船乗りを支配するラーン。エーギルとラーンの間には9人の娘がいて、彼女たちは、「波の乙女」と呼ばれています。

ヘルメット

エーギロカシスは、その全長の約半分を頭部が占め、その頭部は背面と左右が〝甲皮〟で覆われていました。この甲皮が、「ヘルメット」の由来です。

エーギロカシスに限らず、ラディオドンタ類の多くにはこうした甲皮があること、そして種によってその甲皮の形状にはちがいがあることが、近年の研究でわかってきました。

▼関連項目：アノマロカリス・カナデンシス（24ページ）。

No.019

[学名の意味]

晩のウマ

[学名] *Eohippus*

エオヒップス

アメリカとメキシコに分布する新生代古第三紀の地層から化石が発見されているウマです。頭胴長50センチメートルほどでした。かつては「ヒラコテリウム（*Hyracotherium*）と同属であるという指摘もあったが、現在では別属とする見方の方が強い。

ウマのはじまり

「暁」を意味する「エオ」をもつことからわかるように、エオヒップスは最初期のウマの一つです。「エオ」については「エオマイア」（66ページ）の「好まれる『エオ』」の項目をご参照下さい。その見た目は、一見すると現生のウマとよく似ています。しかし、さまざまな点でちがいがありました。

その一つは、サイズです。エオヒップスは頭胴長50センチメートル、肩高は40センチメートルほどしかありませんでした。ウマというよりは、現代日本で飼育されている中型犬ほどの大きさです。

また、現生のウマ類の脚には、前後ともに1本ずつしか指がありません。しかし、エオヒップスの前脚には4本、後脚には3本の指がありました。

小型で指の多い祖先からはじまったウマの歴史は、大型化し、指が減る方向へと進化して、現生種へといたるのです。▼関連項目：ヒッパリオン（238ページ）。

No.020

［学名の意味］

暁の母

［学名］*Eomaia*

エオマイア

中国に分布する中生代白亜紀前期の地層から化石が発見された頭胴長10センチメートルほどの哺乳類です。現生のネズミのような姿をしていて、樹上で暮らしていたと考えられています。

好まれる「エオ」

エオマイアの「エオ」には、「暁」や「明け方」「朝」といった意味があります。そのため、特定の系統の原始的な種を発見したときに、好んで使われる接頭語です。古生物には、「エオ」ではじまる学名をつけられたものが少なからず存在します。▼関連項目：エオヒップス（64ページ）、エオマニス（69ページ）、エオラプトル（71ページ）。

「マイア」が意味すること

エオマイアの「マイア」には「母」という意味があります。恐竜ファンには「マイアサウラ」の「マイア」と一緒、というとピンと来るかもしれません。▼関連項目：ジュラマイア（155ページ）、マイアサウラ（293ページ）。

哺乳類であるエオマイアの「マイア」には、単純に「母」であるということ以上に、大きな意味がこめられています。それは、この動物が、私たちと同じ真獣類であるということです。

中生代にはすでに多くの哺乳類がいたことが知られています。▼関連項目：レペノマムス（321ページ）。そうした哺乳類の多くは、中生代末までに絶滅し、現在に子孫を残していません。中生代末の大量絶滅事件を乗り越えたのは、「単孔類」「真獣類（有胎盤類）」「後獣類（有袋類）」のわずか3グループ。このうち、現在の地球で最も繁栄し、私たち人類も所属しているグループが真獣類です。

エオマイアは、私たち真獣類の中で最古級の存在であり、そして、〝母たる存在〟でもある。そんな意味がこめられているのです。

ア
カ
サ
タ
ナ
ハ
マ
ヤ
ラ

No.021

［学名の意味］

暁のセンザンコウ

［学名］*Eomanis*

エオマニス

ヨーロッパに分布する新生代古第三紀の地層から化石がみつかっている頭胴長30センチメートルほどの哺乳類です。現生のセンザンコウと同じグループに属し、その最も古い種の一つでもあります。「最も古い種」ですが、その姿はセンザンコウとよく似ていました。

センザンコウって？

センザンコウは、現在のアフリカとアジアに生息している哺乳類のグループです。皮膚が変化した鱗(うろこ)でびっしりと体表を覆っています。いくつかの種が確認されていて、その中でも「オオセンザンコウ（*Smutsia gigantea*）」は頭胴長が85センチメートルにも達する巨大な種として知られています。

現生のセンザンコウ類は頭から尾の先まで鱗で覆われていますが、エオマニスは尾の半中程から先端までには鱗がなく、肌が露出しているというちがいがあります。

また、「エオ」については「エオマイア」（66ページ）の「好まれる『エオ』」の項目をご参照下さい。

アカサタナハマヤラ

No.022

［学名の意味］

暁の泥棒

［学名］*Eoraptor*

エオラプトル

アルゼンチンに分布する中生代三畳紀後期の地層から化石が発見されている恐竜です。全長1メートルほど。

好まれる「エオ」

エオラプトルの「エオ」には、「暁」や「明け方」「朝」といった意味があります。そのため、特定の系統の原始的な種を発見したときに、好んで使われる接頭語です。古生物には、「エオ」ではじまる学名をつけられたものが少なからず存在します。▼関連項目：エオヒップス（64ページ）、エオマイア（66ページ）、エオマニス（69ページ）。

「泥棒」ではなかった

エオラプトルの「ラプトル」は、「泥棒」や「略奪者」という意味です。軽量で敏捷な肉食恐竜に用いられることが多くあります。▼関連項目：オヴィラプトル（76ページ）。

1993年にその名がつけられたとき、エオラプトルは肉食恐竜であると考えられていました。二足歩行で軽量型のその姿は、のちの時代に出現する小型の肉食恐竜とよく似ているからです。

しかし、のちの研究でエオラプトルの歯には、ある種の植物食恐竜グループと共通する特徴があることが判明します。つまり、エオラプトルは、その姿は肉食恐竜的でありながらも、植物食恐竜の原始的な存在だったのです。

No.023

［学名の意味］

エジプトの類人猿

［学名］*Aegyptopithecus*

エジプトピテクス

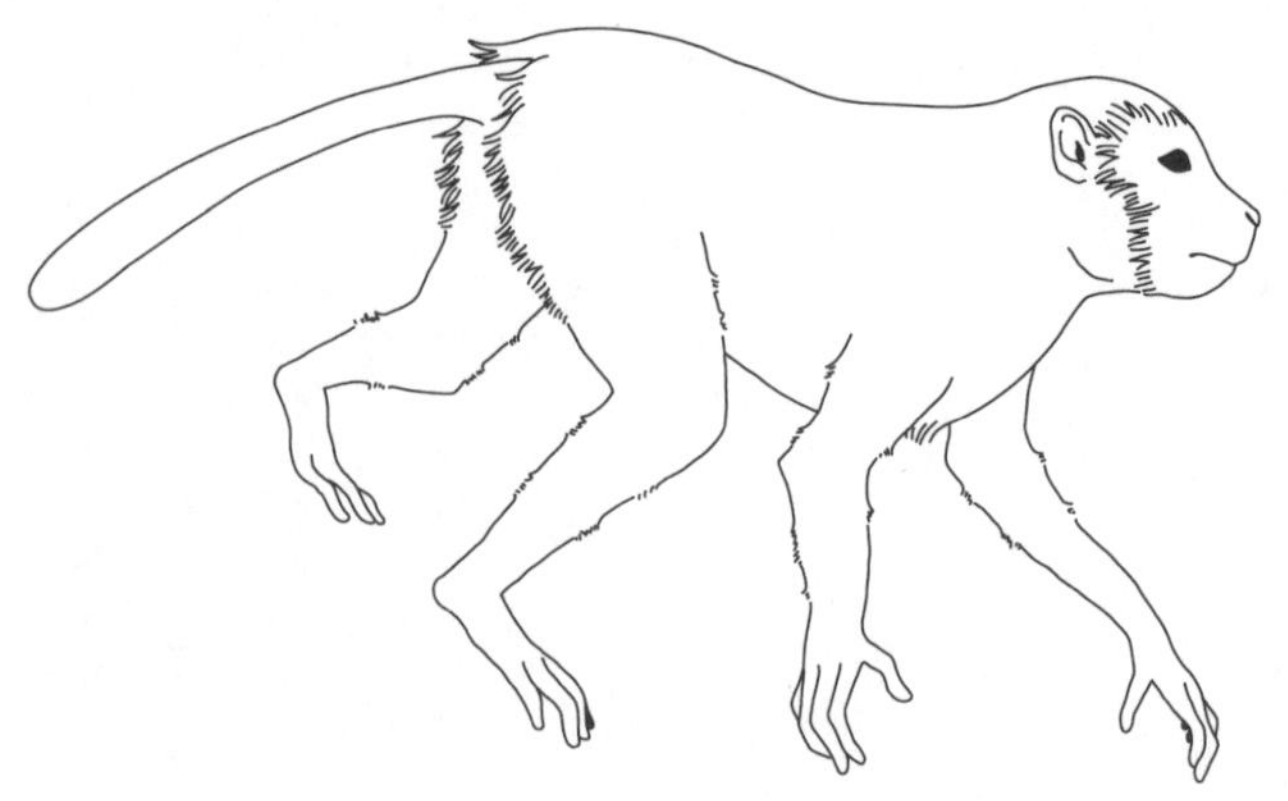

その名の通り、エジプトに分布する新生代古第三紀の地層から化石が発見されている霊長類です。頭胴長30センチメートルほどで、長い四肢と尾をもっていました。「サルの仲間」と「人類・類人猿の仲間」の共通祖先に位置付けられています。

化石産地としてのエジプト

人類の古代文明の遺跡で知られるエジプトは、古生物学においても重要な化石を多数産出しています。エジプトピテクスは、そうした化石の一つです。

たとえば、「クジラ渓谷」と呼ばれる地域では、「バシロサウルス」をはじめとするクジラの化石が発見されています。そのほか、エジプト各地からは帆をもつ恐竜「スピノサウルス（*Spinosaurus*）」などの恐竜類の化石や、絶滅したゾウ類の化石なども発見されています。▼関連項目：バシロサウルス（２１７ページ）。

エジプトは、過去においては豊かな緑が茂る地域だったことも、温暖な海の底だった時期もありました。こうした多様な歴史が、エジプトを重要な化石産地たらしめているのです。

No.024

［学名の意味］

卵泥棒

［学名］*Oviraptor*

オヴィラプトル

モンゴルなどの白亜紀後期の地層から化石が発見されている、全長1.6メートルほどの二足歩行性の恐竜です。すべての肉食恐竜が分類される獣脚類に属しています。

誤解だった泥棒

オヴィラプトルは、すべての肉食恐竜が分類される獣脚類の恐竜ですが、肉食性ではなかったとみられています。それは、口に歯がないからです。口に歯がないため、かつては「卵」を専門に襲っていたと考えられていました。それというのも、卵の化石のすぐそばで、オヴィラプトルの化石もみつかったからです。「卵泥棒」という意味の名前は、そんな化石の発見されたときの状況に基づくものです。

その後の研究で、オヴィラプトルのそばにあった卵は、自分の卵である可能性が高いことが指摘されるようになりました。つまり、オヴィラプトルは卵を盗みにやってきたわけではなく、自分の卵を守っていた可能性が高いのです。

こうして「卵泥棒」という名前は誤解であるとみなされるようになったのですが、一度決まった学名は、そう簡単には変更できないきまりになっています。そのため、今もこの〝濡(ぬ)れ衣(ぎぬ)の名前〟がついたままになっているのです。

No.025

[学名の意味]

骨でできた歯をもつ鳥

[学名] *Osteodontornis*

オステオドントルニス

日本やアメリカに分布する新生代新第三紀の地層から化石がみつかっている鳥類です。翼を開いたときの左の翼の左端から右の翼の右端までの長さ（翼開長（よくかいちょう））は、3.5メートルに達したといわれています。現生鳥類のペリカンと同じグループに分類されます。

「骨でできた歯」とは？

古今東西ほとんどの鳥類の口は、「クチバシ」になっています。多くの場合、そのクチバシはツルッと直線的で、種によっては先端が少し曲がっています。

オステオドントルニスのクチバシは、特異でした。まるで歯のような小さな突起が並んでいたのです。この特徴が、「骨でできた歯」という名前の由来になっています。

「歯のような小さな突起」であり、「歯」ではないので、この突起は抜け落ちません。あくまでも、クチバシそのものが、そうした形になっていたのです。

この特異な形状のクチバシは、イカや柔らかい魚などをとらえる際に役立ったといわれています。

なお、オステオドントルニスとその近縁種は、「骨質歯鳥類」や「偽歯鳥類」と呼ばれています。

No.026

［学名の意味］

謎の歯

［学名］*Odontogriphus*

オドントグリフス

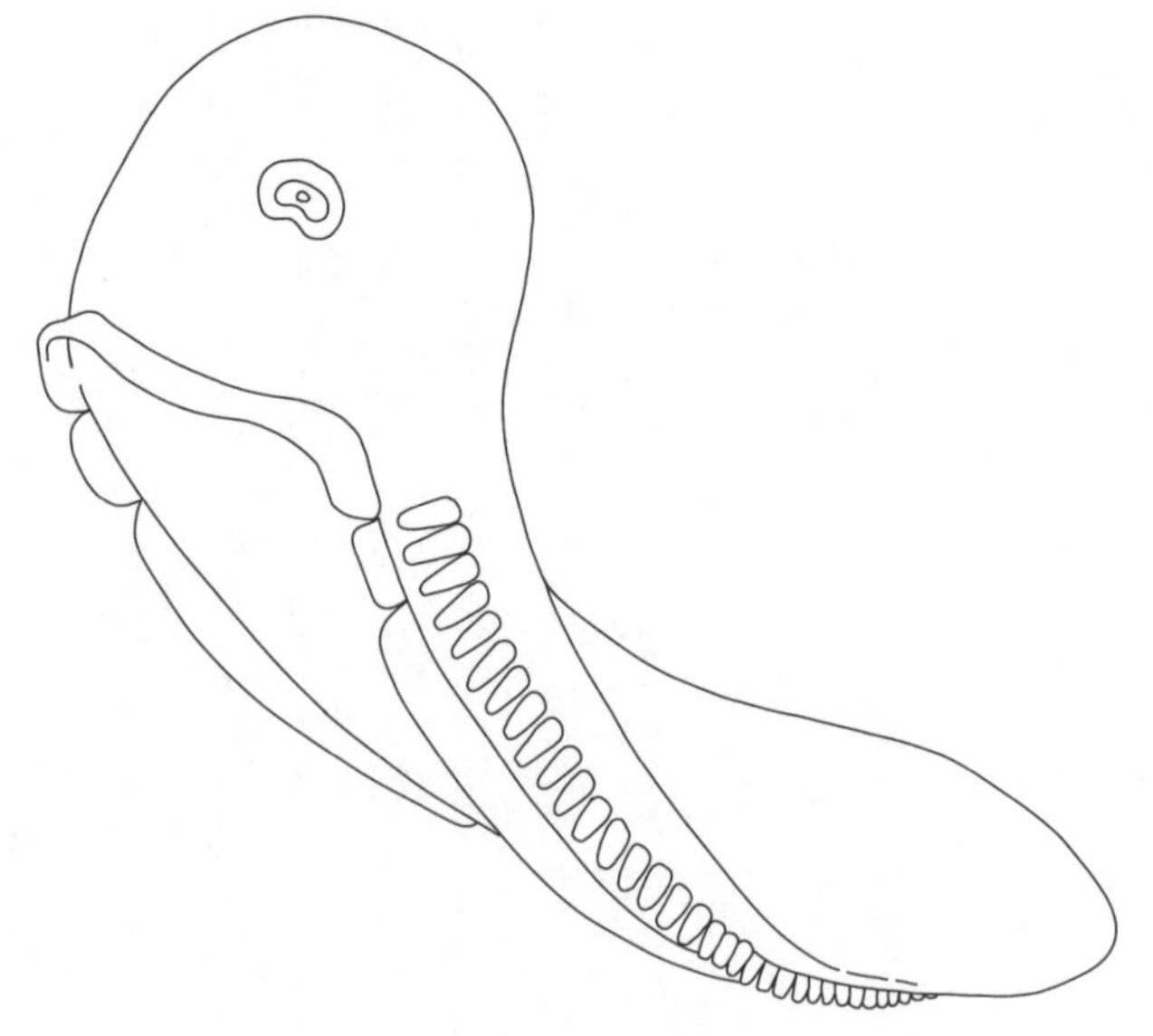

カナダに分布するカンブリア紀の地層から化石がみつかっている軟体動物です。全長は12.5センチメートルほどで、海底を這(は)っていたとみられています。

謎とされていた過去

オドントグリフスが最初に報告され、その名前がついたのは、1976年のことです。このとき、報告に用いられた化石はわずか1個体。その1個体の分析では、からだは平たく、頭部と胴部に分かれていて、胴部には環状構造があるとされました。そして、頭部の底には、数字の「8」を横にしたように細かな歯が配置されていました。

「オドントグリフス」という名前は、「謎の歯」あるいは「歯の生えた謎」という意味で、この「8の字に並んだ歯」に由来するものです。こんな配置の歯はまさしく謎で、分類もよく

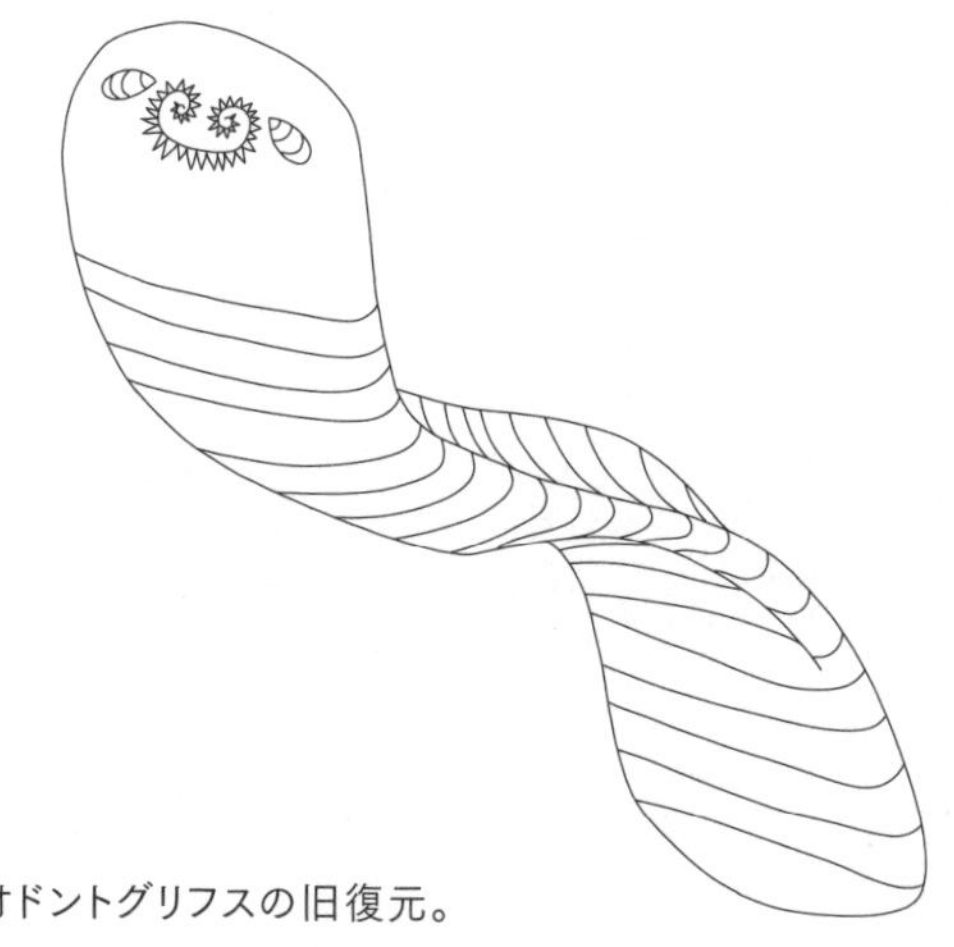

オドントグリフスの旧復元。

わかっていませんでした。

２００６年になると、新たに１８９個体もの化石が解析され、オドントグリフスの復元が大きく変わることになりました。変化の決め手となったのは、「謎の歯」です。「８の字に並んだ歯」とみられていたのは、実は「２列の歯舌」であることがわかったのです。

歯舌は、おろしがねのような構造をした軟体動物特有の器官です。これを使って食物をこそぎ取って食べます。

歯舌をもっていることがわかったので、軟体動物と分類されることになり、また全身の特徴も再検討されて、今日の姿に修正されることになったのです。

ア
カ
サ
タ
ナ
ハ
マ
ヤ
ラ

No.027

［学名の意味］

眼のトカゲ

［学名］*Ophthalmosaurus*

オフタルモサウルス

イギリス、アメリカ、アルゼンチンなど、世界各地のジュラ紀後期の地層から化石がみつかっている魚竜類です。全長3～4メートルで、その姿は現生哺乳類のイルカとよく似ていました。

眼も化石に残る？

オフタルモサウルスの「オフタルモ」は、「眼」という意味です。

ただし、眼球そのものが化石に残っているわけではありません。

私たちヒトをはじめとする哺乳類の眼は、すべて軟組織でできており、ぷよぷよしています。そんな哺乳類の眼球が化石として残ることはありません。

しかし、哺乳類以外の脊椎動物は、眼球内部に「鞏膜輪（きょうまくりん）」と呼ばれるリング状の骨があります。この骨が化石として残ることがあるのです。

鞏膜輪（きょうまくりん）を分析することで、眼の大きさとその性能を推測することができます。

オフタルモサウルスの場合、眼の大きさは直径約23センチメートルに達したといわれています。これは、脊椎動物の眼としては最大サイズになります。基本的に、からだの大きな動物ほど大きな眼をもつ傾向があります（たとえば、全長25メートルのシロナガスクジラの眼は直径15センチメートルです）。しかし、オフタルモサウルスの場合、全長は大きくても4メートルほどしかありません。「23センチメートル」という眼の大きさが、いかに異様なものだったのかがわかります。

しかも、オフタルモサウルスの眼はかなり高性能でした。ヒトの眼よりもはるかに夜目が利き、現生のネコと同等の能力があったと推測されています。

このことから、オフタルモサウルスが深海で活動していた可能性が指摘されています。

No.028

［学名の意味］

加賀の水の妖精＋白山

［学名］*Kaganaias hakusanensis*

カガナイアス・ハクサネンシス

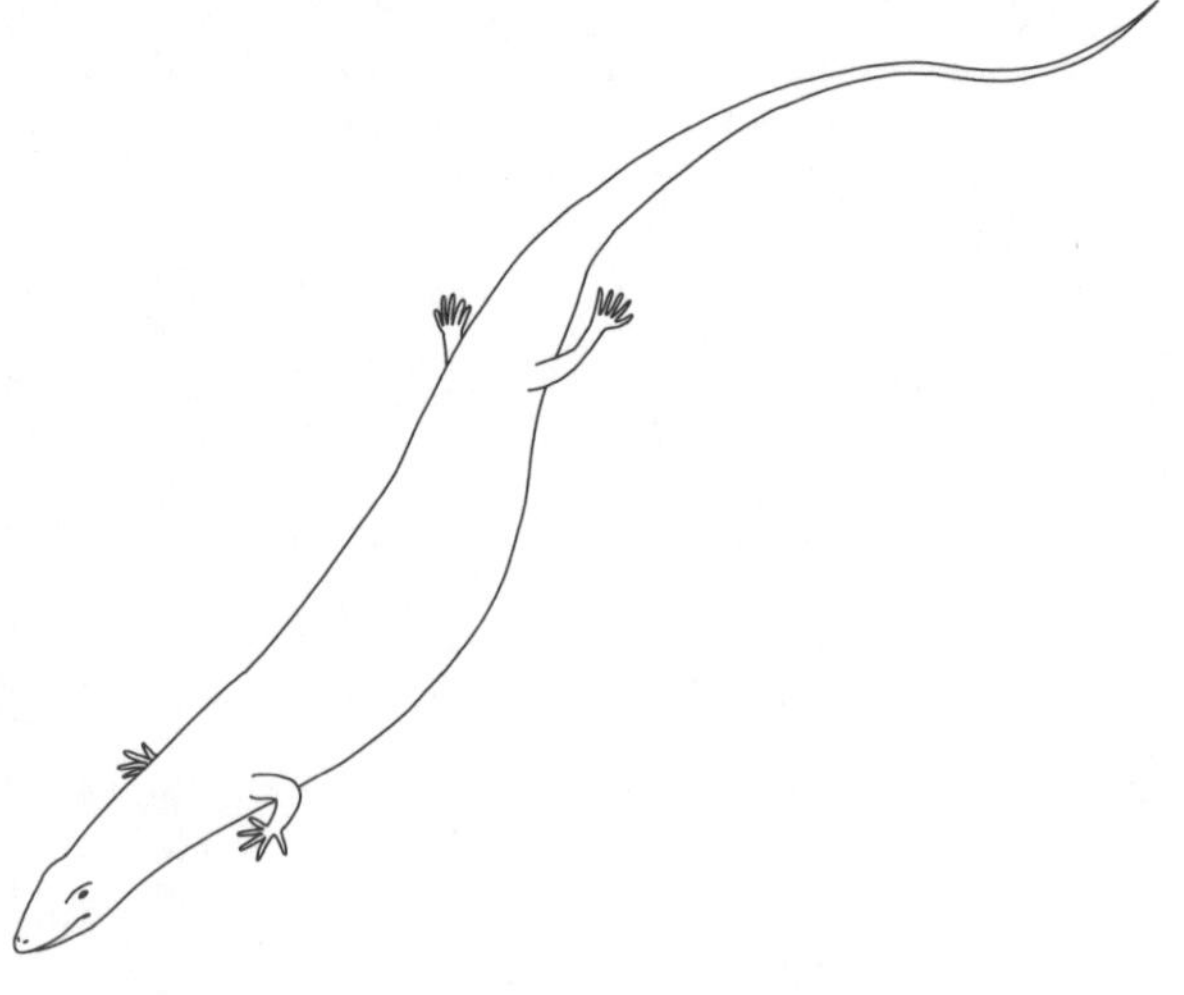

石川県白山市にある白亜紀前期の桑島化石壁から化石がみつかった全長50センチメートルほどの爬虫類です。その姿は、一言でいえば「胴が極端に長いトカゲ」。モササウルス類に近縁のドリコサウルス類というグループに属しています。▶関連項目：モササウルス（303ページ）。

ちょっとおしゃれな名前

「ナイアス」という言葉には「妖精」という意味があります。「爬虫類だからサウルス」というわけではなく、あえて「ナイアス」をチョイスしているところに命名者のセンスが光ります。白山市産の化石には、こうした〝ちょっとおしゃれ〟な学名がつけられたものがいくつもあります。こうした学名の命名には、実は同じ研究者や、その研究者と近しい研究者が関わっています。▼関連項目：アルバロフォサウルス（35ページ）、クワジマーラ・カガエンシス（121ページ）。

加賀百万石

カガナイアスの「カガ」に使われている「加賀」は、石川県の旧国名であり、藩名です。そして、現在も石川県には加賀市という市があります。

加賀藩は、織田信長の側近であり、豊臣政権では政権の中枢（五大老）を担った前田利家を藩祖とします。「加賀百万石」と呼びますが、当初の石高は119万5000石でした。外様大名としては堂々のトップです（次点は、77万石の薩摩藩）。当初、その領地は現在の石川県のほぼ全域のほか、富山県を含みました。その後、富山藩、大聖寺藩（石川県南西部）を分藩し、石高は102万5000石となりました。

地方としての「加賀」には、金沢市を中心に、白山市、小松市、加賀市、野々市市、能見市、かほく市などが属しています。

霊峰白山

種小名に使われ、産地の白山市の由来にもなっている白山は、石川県など4県にまたがる、御前峰をはじめとした周辺の連峰の総称です。その最高峰の御前峰の標高は2702メートルに達し、その高さは、日本の火山としては富士山、御嶽山、乗鞍岳に続く4番目です。金沢市内からも天気が良い日は見ることができます。

No.029

［学名の意味］

神居のトカゲ

［学名］*Kamuysaurus*

カムイサウルス

北海道に分布する白亜紀後期の地層から発見された植物食恐竜です。全長8メートルという大型種で、全身の8割が化石として残っていました。この保存率は、日本産の恐竜化石、特に大型恐竜の化石では突出した値です。復元されたその姿にはこれといって目立つ特徴は確認されていませんが、薄く平たいトサカをもっていた可能性が指摘されています。2019年にこの学名が決まるまでは、産地であるむかわ町にちなみ、「むかわ竜」の通称で親しまれていました。

アイヌの神

アイヌは、東北地方北部から北海道、サハリン、千島列島にかけて居住する先住民族です。現在でも多くのアイヌの人々が北海道に暮らしています。

「カムイサウルス」の「カムイ（神居）」はアイヌ語です。一般的には「神」と訳されます。ただし、「カムイ」はキリスト教のような唯一神ではありません。日本の神話に登場する神々とも一線を画します。アイヌ語・アイヌ文化の研究をする中川裕（なかがわひろし）の著作によると、「カムイは人間をとりまくほぼすべてのものを指す」とのことです。

スズメもカラスも、木も草も、それどころか、舟や家、また炎も、すべてが「カムイ」。中川は「この世の中で何らかの活動をしていると考えられ、人間にできないようなことをするもの、人間のために何らかの役に立ってくれているものを、特にカムイと認めているということなのです」と述べています。

この条件を満たせば、自然だけではなく、無生物も、人工物も「カムイ」。この言葉にアイヌの文化の片鱗（へんりん）を見ることができそうです。なお、アイヌ文化に興味をもたれたとしたら、中川がアイヌ語監修を担当している漫画『ゴールデンカムイ』（野田サトル著：集英社）のシリーズが入門編としておすすめです。

No.030

［学名の意味］

部屋に分かれたツノ

［学名］*Cameroceras*

カメロケラス

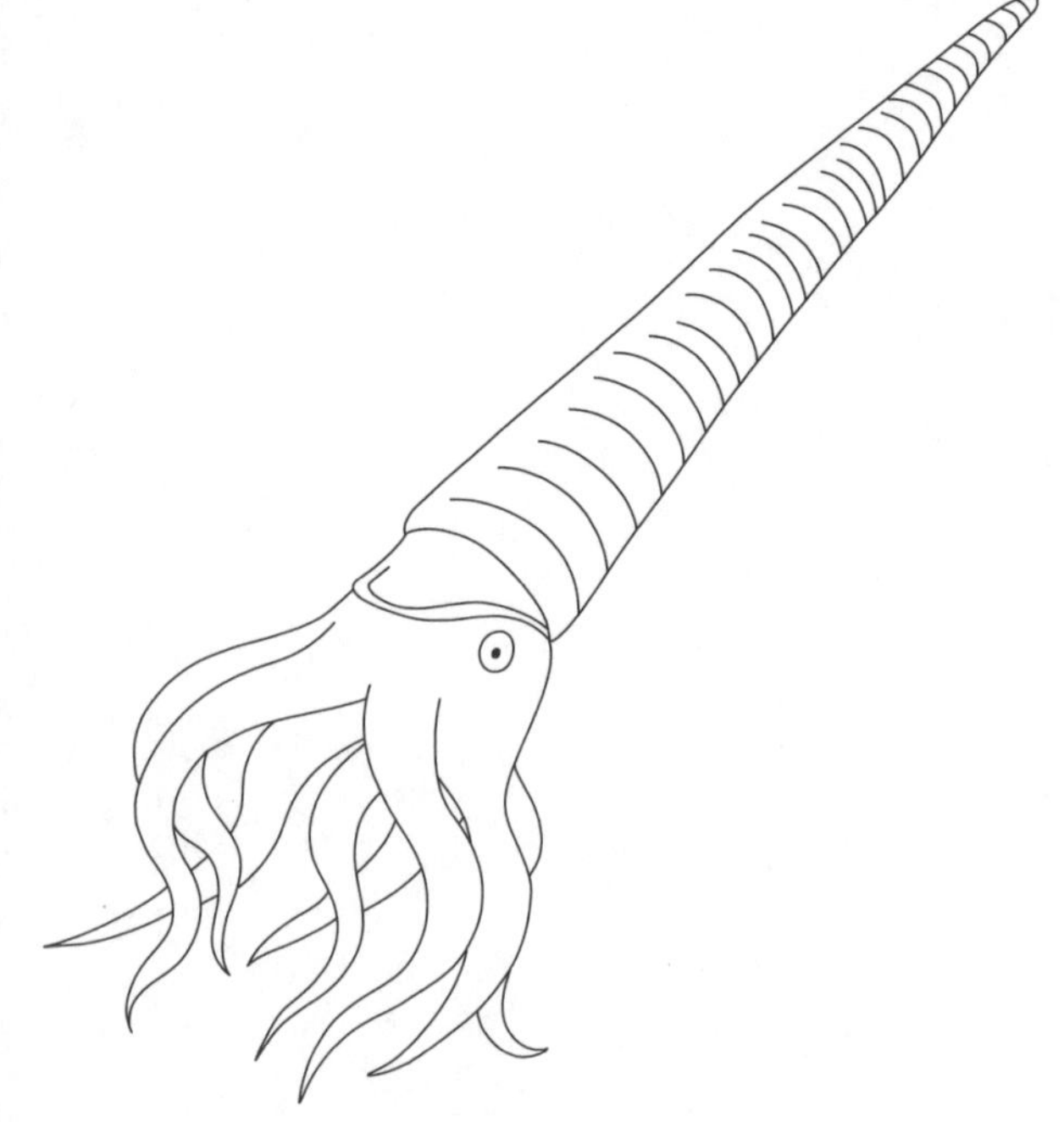

世界各地の古生代オルドビス紀の地層から化石がみつかっている頭足類です。円錐形の殻をもっていました。全長は6メートルとも11メートルともいわれています。

殻の中にある部屋

カメロケラスは、頭足類に分類される海棲動物です。頭足類には、タコやイカ、オウムガイやアンモナイトなども分類されます。「ケラス」は、アンモナイトの仲間にはよく使われている言葉です。

カメロケラスだけではなく、オウムガイやアンモナイトなど、頭足類で殻をもつ動物には共通している特徴があります。「殻の内部が部屋に分かれている」という点です。同じように殻をもつ海棲動物でも、巻貝の仲間（腹足類）の殻の内部には部屋はありません。

頭足類の殻の中は、「隔壁」と呼ばれる壁で分断され、「気室」という複数の部屋に分かれています。カメロは、この部屋を指します。各気室は、細いチューブで繫（つな）がっていて、頭足類はこのチューブを通して各気室に体液を送ったり、吸い取ったりします。そうして、気室の中の液体量を調整することで、自身の浮力をコントロールしているのです。ただし、カメロケラスはあまりにも大きすぎて、〝常時浮遊〟できなかったともみられています。

No.031

［学名の意味］

鋭い歯＋大きな歯

［学名］*Carcharodon megalodon*

カルカロドン・メガロドン

世界各地の新第三紀の地層から化石がみつかっている巨大ザメです。「メガロドン」の通称で知られています。

謎の全長

メガロドンは「超巨大」なサメです。なにしろ、一つの歯化石だけでもその高さが15センチメートルもあります。高さだけではなく、横幅、そして、厚みもあります。

これだけ大きな歯の持ち主です。さぞかし全長も大きかっただろう、とみられています。しかし実は、歯以外の化石が発見されておらず、正確な全長は不明です。最大で18メートルとも、20メートルともいわれています。

２０１９年に、アメリカのデポール大学に所属する島田賢舟さんが発表した研究では、メガロドンの全長値は14・２～15・３メートルと算出されています。15メートルを超えるような巨体は極めて稀（まれ）だったのではないか、とも指摘されています。

「カルカロドン」が意味すること

メガロドンの属名として使われている「カルカロドン」は、現生のホホジロザメである「カルカロドン・カルカリアス（*Carcharodon carcharias*）」の属名と同じです。つまり、「カルカロドン・メガロドン」という学名は、現生のホホジロザメにかなり近縁であることを意味しています。

しかし、なにしろ謎の多いメガロドンです。研究者の間でも、属名に関しては意見が分かれています。国際的には「カルカロクレス・メガロドン（*Carcharocles megalodon*）」を使う例が多く、また近年では、「オトダス・メガロドン（*Otodus megalodon*）」を使うことも多くなっています。「カルカロクレス」と「オトダス」は、ホホジロザメと同じグループであるネズミザメ類で、ともに絶滅した属に使われている学名です。

「Megalodon」ではない？

属名が定まっていないこともあり、種小名の「メガロドン」が、この巨大ザメを指す通称として使われています。むしろ、この通称の方が、国際的にも有名であるといって良いでしょう。

「いっそのこと、属名にしちゃえば良いのでは？」

そう思われるかもしれませんが、実は属名の「メガロドン（*Megalodon*）」はすでに使用されています。古生代の半ばから中生代の半ばまで栄えた二枚貝に「メガロドン」の属名が使用されているのです。

No.032

[学名の意味]

葉のような平らなもの

[学名] *Charniodiscus*

カルニオディスクス

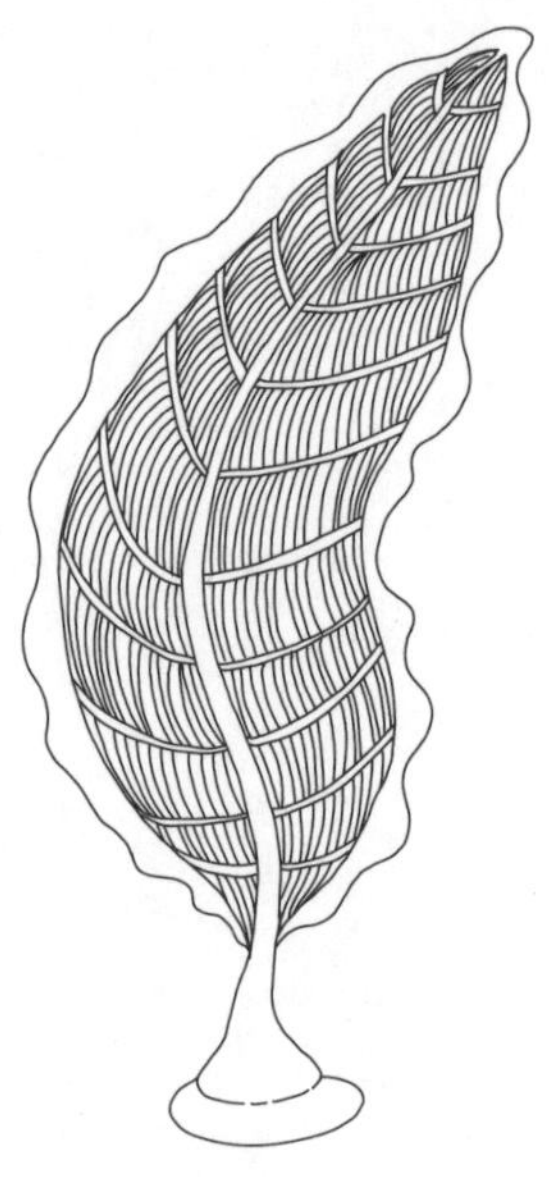

カナダをはじめとして、世界各地にある先カンブリア時代エディアカラ紀の地層から化石がみつかる水棲(すいせい)生物です。植物の葉のような形状のパーツと、円盤形のパーツで構成され、円盤形のパーツを水底につけて直立し、海の中でゆらゆらしていたとみられています。全長は40センチメートルほどでした。

葉のように見えるけれども……

「カルニオディスクス」という名前は「葉のような平らなもの」という意味。実際、その形は、葉のように見えます。

しかし、葉のように見えるだけで、カルニオディスクスは植物ではありません。

では、動物なのでしょうか？

それも否。……と書いて良いのかどうかは微妙なところですが、実はよくわかっていないのです。おそらく生物であることは確かとみられていますが、植物なのか、動物なのか、それさえもわからない。それがカルニオディスクスです。

植物なのか、動物なのか、それさえもわからない不思議な生物たち。そんな生物が、エディアカラ紀にはたくさんいました。そんな生物たちは「エディアカラ生物群」と呼ばれています。カルニオディスクスは、エディアカラ生物群の代表的な存在の一つです。

また、カルニオディスクス以外にも、葉状の構造をもつ生物の化石が多数確認されています。葉状の構造をもつ生物たちは、特に「ランゲオモルフ」と呼ばれています。

ランゲオモルフはエディアカラ生物群の中でも最も初期に出現した生物たちです。生命の歴史の中で、初めて本格的に出現した大型化石群でもあります。

アカサタナハマヤラ

No.033

［学名の意味］

カンブリア紀の厚い眼

［学名］*Cambropachycope*

カンブロパキコーペ

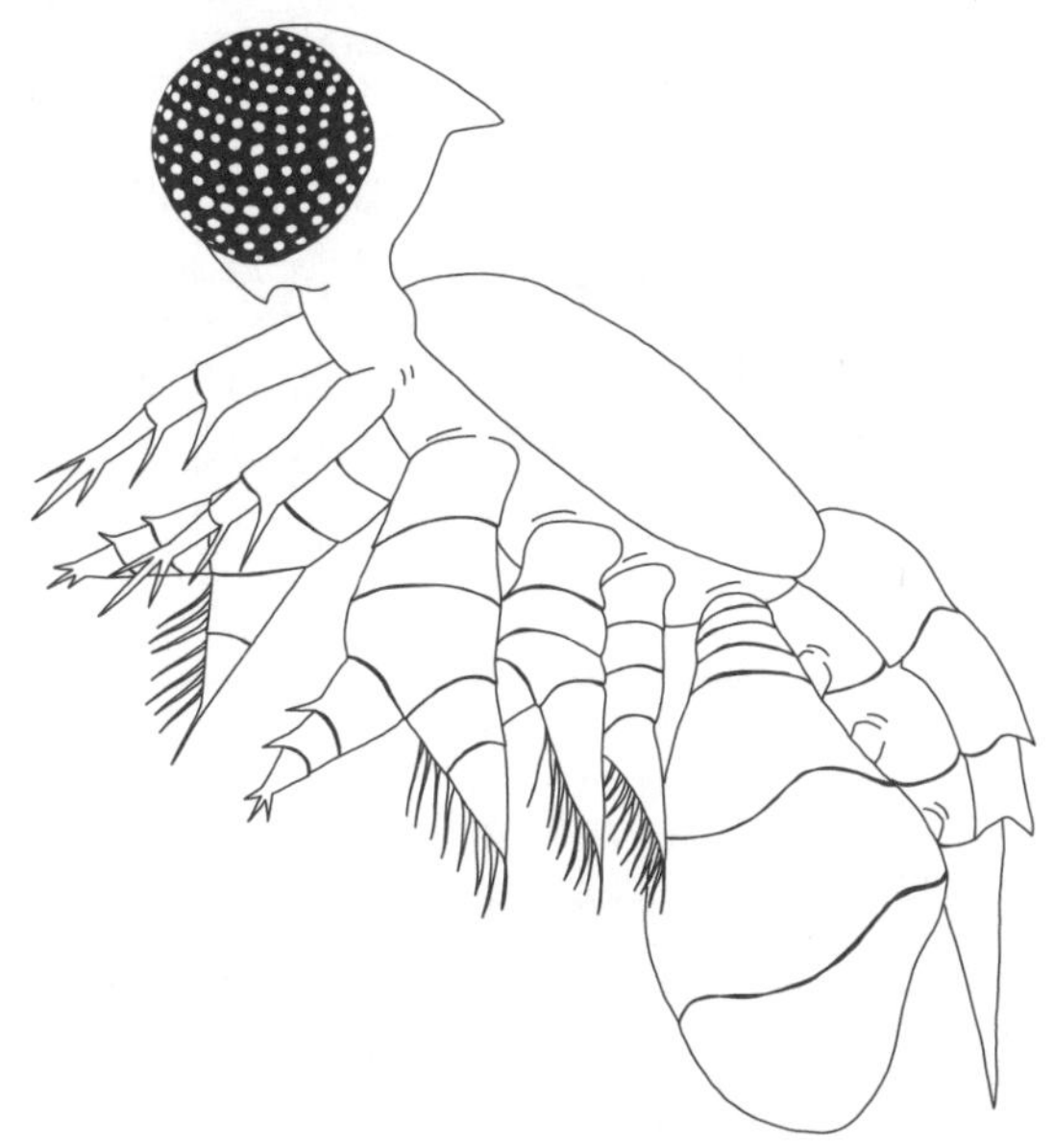

スウェーデンに分布する古生代カンブリア紀の地層からみつかった全長1.5ミリメートルほどの遊泳性の微生物です。この産地では、カンブリア紀の微生物の化石がたくさん発見されています。この化石群は、産地名にちなんで「オルステン動物群」（あるいは、オーステン動物群）と呼ばれています。

その姿、一度見たら忘れない

「カンブロパキコーペ」の「カンブロ」は、「カンブリア紀」を意味するものです。これは、もちろん、この古生物が生きていた時代のことです。

そして「パキコーペ」には「厚い眼」という意味があります。

生々しささえ感じるこの単語は、カンブロパキコーペの姿にちなむものです。カンブロパキコーペは、頭部先端はくびれ、その先が大きく筒状にのびていて、たった一つの複眼になっていました。そして、複眼のレンズは、筒の全面に並ぶわけではなく、あくまでも筒の先端に集中していました。大きくのびた円筒の側面は、カンブロパキコーペにとって「眼の側面」でもあり、まさしく「厚い眼」の持ち主といえます。

アカサタナハマヤラ

No.034

［学名の意味］

カンブリア紀の熊手＋ファルコン号

［学名］*Cambroraster falcatus*

カンブロラスター・ファルカトゥス

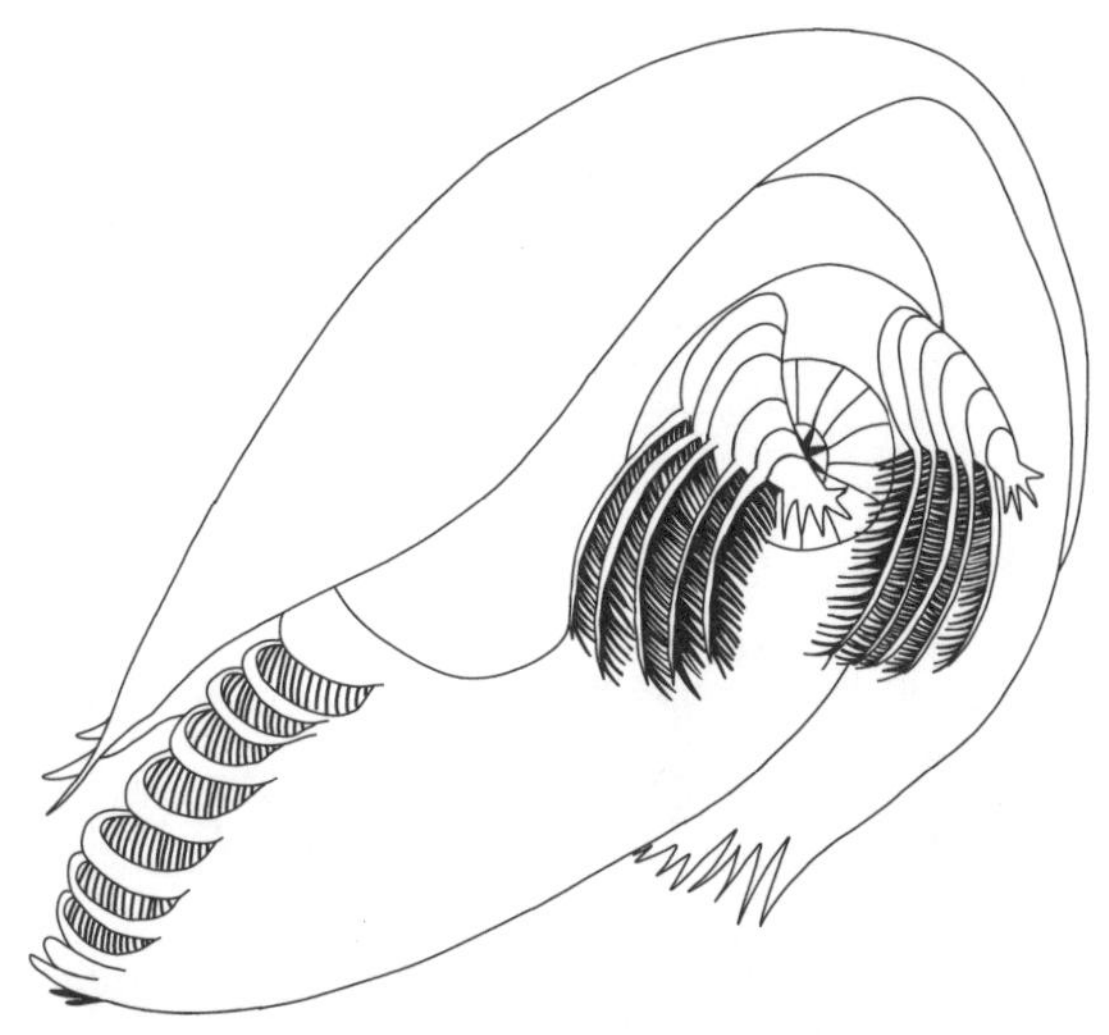

カナダに分布するカンブリア紀の地層から発見されたラディオドンタ類（アノマロカリス・カナデンシスの仲間）です。全長30センチメートル。背中側が大きな甲皮で覆われていました。

熊手

「カンブロラスター」の「カンブロ」は、「カンブリア紀」を意味するものです。これは、もちろん、この古生物が生きていた時代のこと。カンブリア紀には個性豊かな古生物がたくさんいました。▼関連項目：アノマロカリス・カナデンシス（24ページ）。

そして、「ラスター」には「熊手」という意味があります。これは、この古生物のもつ触手（付属肢）の形状にちなむものです。

ラディオドンタ類は、種によってさまざまな大きさ・形状の付属肢をもっています。グループに属する種に共通しているのは、頭部の先端から付属肢が2本のびているということ。そして、その2本以外の付属肢をもたないことです。ラディオドンタ類にとって、この付属肢は基本的に摂食用（餌を食べるためのもの）で、形のちがいは摂食戦略のちがいを表していると考えられています。

カンブロラスターの付属肢は、小さな熊手のような形状をしていました。それは、大きな獲物をとらえるには弱々しく、一方で、水中を漂うプランクトンを集めるには間隔が広すぎます。

そのため、カンブロラスターの付属肢は、海底の堆積物をかき回すことに使われていたのではないか、と考えられています。海底の堆積物をかき回し、有機物や微生物を浮かせて、それを食べていたのではないか、というわけです。

ミレニアム・ファルコン号

種小名に使われる「ファルカトゥス」という言葉は、一般的には「鎌のような」といった意味があり、そうした形状をもつ古生物に使われます。

しかし、カンブロラスターには、そんな「鎌のような」形状はありません。それもそのはず。実はこの場合の「ファルカトゥス」は、「鎌のような」にちなむのではなく、「ミレニアム・ファルコン号」にちなんだものなのです。

ミレニアム・ファルコン号は、映画『スター・ウォーズ』シリーズに登場する宇宙船です。背面側のその形状が涙形をしており、カンブロラスターとよく似ています。

作中におけるミレニアム・ファルコン号は「YT-1300」という輸送船の1隻として製造されました。涙の始点にあたる鋭角部分に長方形の切れ込みがあり、右舷側にコックピットが飛び出ています。製造当初の全長は34・75メートル、時速800キロメートルで宇宙を飛び、標準レーザー砲1門を備え、2名の乗組員で運用できるように設計されています。

ミレニアム・ファルコン号は、輸送船YT-1300の中でも、YT492727ZEDというシリアルナンバーをもつ機体です。

この名前は、プロのギャンブラーであり、名士でもあるランド・カルリジアンが所有したときに命名されました。カルリジアンは、名士の顔の裏で密輸業も営んでおり、ミレニアム・ファルコン号をその密輸船にふさわしい仕様に改装します。涙の始点にある長方形の切れ込み部分には補助艇をはめこみ、エンジンなどに手を入れたことで最高速度は時速1200キロメートルに上昇しました。内装においては、隠し部屋などを追加するとともに、主船倉にホロゲーム・テーブルを設置しました（このホロゲーム・テーブルは、作中でしばしば登場します）。

その後、ギャンブルと宇宙船の操縦を好む若者、ハン・ソロがカルリジアンとの賭けに勝ち、ミレニアム・ファルコン号の所有者となりました。このとき、補助艇は無くなり、船はかなり痛んでいたものの、ソロはその外装にはほとんど手を入れませんでした。相棒のチューバッカとともにエンジンを組み直し、軍用火器を搭載し、また、一人でも操縦ができるようにしました。ソロとチューバッカの愛機としてミレニアム・ファルコン号が活躍する話が、エピソード4、5、6です（筆者のおすすめは、エピソード4）。

ソロたちが第一線を退いたのち、ミレニアム・ファルコン号は廃品置場に放置されました。しかし、エピソード7、8、9の主人公であるレイがミレニアム・ファルコン号をみつけ、乗り込んだことで、再び宇宙を駆ることになるのです。

ミレニアム・ファルコン号は、多くのファンを魅了する存在です。作中においては実に〝美味しい場面〟に登場し、見ている者の背筋をゾクゾクとさせます。

まず間違いなく断言できることは、ラディオドンタ類にこの名前をつけた研究者が、重度の『スター・ウォーズ』ファンであるということでしょう。学名の命名は、記載論文を執筆した研究者に任せられており、こうした名作映画にちなむ名前も少なからず存在します。

▼関連項目：ゴジラサウルス（128ページ）、シネミス・ガメラ（148ページ）。

No.035

［学名の意味］

大きな南のトカゲ

［学名］*Giganotosaurus*

ギガノトサウルス

アルゼンチンに分布する中生代白亜紀半ばの地層から化石が発見された大型の肉食恐竜です。その全長は14メートルに達しました。

その姿、ティラノサウルス以上

「大型肉食恐竜」の代名詞として知られるティラノサウルスの全長は13メートル。つまり、ギガノトサウルスはティラノサウルスよりも大きい肉食恐竜です。「ギガ」の名に恥じないサイズといえるでしょう。

もっとも、この場合の「大きい」とは「長さ」のこと。「重さ」に注目すると、ギガノトサウルスの体重が8トンであるのに対し、ティラノサウルスは9トンと見積もられています。ギガノトサウルスは、その大きさのわりには少しスリムでした。ティラノサウルスの方が、がっしりとしたからだつきだったのです。▼関連項目：ティラノサウルス（181ページ）。

No.036

[学名の意味]

大きな類人猿

[学名] *Gigantopithecus*

ギガントピテクス

中国や東南アジアに分布する新生代第四紀の地層から化石が発見されている類人猿です。その身長は3メートルに達したといわれています。「史上最大の類人猿」といわれることもあります。

本当に大きい？

ギガントピテクスは「史上最大の類人猿」といわれることがありますが、実はその大きさはよくわかっていません。発見されている化石が、大きな歯と大きな顎だけなのです。そのため、「頭部が大きいだけの類人猿」という見方もあります。

No.037

［学名の意味］

巨大なキリン

［学名］*Giraffatitan*

ギラッファティタン

タンザニアに分布する中生代ジュラ紀の地層から化石がみつかっている植物食恐竜です。小さな頭、長い首、太い胴体に柱のような四肢、そして長い尾をもつ竜脚類の一種。前脚が後脚よりも長いことが特徴の一つです。全長は22メートルに達しました。

キリンとはちがう首

ギラッファティタンに限らず、竜脚類のほとんどの種が長い首をもっています。同じく長い首をもつキリンを連想してしまうのも無理はないでしょう。

しかし、竜脚類の首とキリンの首では、決定的なちがいがあります。キリンの首を構成する骨（頸椎）は、7個だけです。これは哺乳類に共通する特徴で、私たちヒトの頸椎も7個です。キリンの首が長いのは、個々の頸椎が長いためです。

一方、竜脚類の頸椎は種によって個数がちがいます。つまり、竜脚類の首が長い理由は、頸椎が多いためなのです。

ブラキオサウルスとの関係

ギラッファティタンは、かつて「ブラキオサウルス（*Brachiosaurus*）」と呼ばれていました。……このように書くと、アパトサウルスとブロントサウルスの関係を思い起こす人もいるかもしれません。▼関連項目：アパトサウルス（30ページ）、ブロントサウルス（272ページ）。

しかし、ブロントサウルスとは異なり、ブラキオサウルスの名前は消えていません。もともとブラキオサウルス属には、「ブラキオサウルス・アルティソラックス（*B. altithorax*）と「ブラキオサウルス・ブランカイ（*B. brancai*）」などの複数種がありました。このうち、「ブラキオサウルス・ブランカイ」がブラキオサウルス属から独立し、「ギラッファティタン・ブランカイ（*G. brancai*）」となったのです。

アカサタナハマヤラ

No.038

［学名の意味］

くしの顎

［学名］*Ctenochasma*

クテノカスマ

ドイツやフランスに分布する中生代ジュラ紀の地層から化石が発見されている翼竜類です。翼開長（よくかいちょう）は1.5メートル弱で、頭部が比較的大きく、尾は短いという特徴がありました。

翼竜類の多様な頭

「くしの顎」という学名は、口のつくりに由来するものです。クテノカスマの口には、合計260本もの細い歯が並び、目の細かいくしのようでした。この口を水中でわずかに開き、小さな魚や、エビなどの小動物を捕まえて、こし取るように食べていたのではないか、とみられています。

翼竜類の中で、頭部が大きいものたちには、トサカや口などに独特の特徴があるものが数多く確認されています。

No.039

［学名の意味］

クロノス神のトカゲ

［学名］*Kronosaurus*

クロノサウルス

オーストラリアに分布する白亜紀前期の地層から化石が発見されたクビナガリュウ類です。ただし、「クビナガリュウ類」とは言っても首は長くはなく、かわりに大きな頭部をもち、その口には長さ30センチメートルもの歯が並んでいました。全長は10メートル以上に達したとされています。

子喰い神

クロノサウルスの名前の由来となった「クロノス」は、ギリシア神話に登場する神です。天の神ウーラノスと、地の女神ガイアの息子とされています。

クロノスはガイアの指示を受けてウーラノスを襲い、ウーラノスがもつ支配権を奪取したことで知られています。しかし、その支配権は、やがてクロノス自身の息子によって奪われるだろう、という予言を受けていました。そこで、クロノスは、妻レアーとの間に生まれた自分の息子たちを次々と食べてしまうのです。

我が子を夫に食べられ続けたレアーは、ガイアと一計を案じ、なんとか息子を一人だけ助けることに成功しました。この子が、のちに最高神となるゼウスです。そしてクロノスは、成長したゼウスと10年におよぶ戦いを繰り広げ、最終的には予言通りに討たれることになります。

クロノサウルスは、そんな恐ろしい神にちなんで命名されたものですが、このクビナガリュウ類自体が自分の子を食べていたという証拠があるわけではありません。

No.040

［学名の意味］

球状の歯

［学名］*Globidens*

グロビデンス

アメリカ、シリア、モロッコなどに分布する中生代白亜紀後期の地層から化石が発見されているモササウルス類です。モササウルス類は、現生のオオトカゲ類、あるいは、ヘビ類の近縁とされる海棲爬虫類の1グループで、その姿は、「四肢と尾がひれとなったオオトカゲ」といえるものでした。

▶関連項目：モササウルス（303ページ）。

モササウルス類の多様な歯

「球状の歯」を意味する「グロビデンス」という名前は、まさしくその歯の形状にちなむもの。歯の先端が丸くなり、松茸（笠の開いていない）のような印象を与えます。モササウルス類は多様な歯をもつことで知られ、グロビデンスの歯はその中でも特異でした。グロビデンスはこの先端が丸い歯を用い、大型の二枚貝の殻を砕き、その中身を食べていたとみられています。

歯の形状は、古生物の生態を推理する際に極めて有効な手がかりです。また、歯はからだの中でも最も硬い部位であり、そして数も多いために化石としてよく残ります。そのため、歯の形状にちなむ名をもつ古生物はたくさんいます。▼関連項目：アトポデンタトゥス（21ページ）、イグアノドン（47ページ）、カルカロドン・メガロドン（94ページ）、スミロドン（161ページ）、デスモスチルス（185ページ）、プラコダス（258ページ）、ヘリコプリオン（277ページ）。

No.041

［学名の意味］

桑島の小さな乙女＋加賀

［学名］*Kuwajimalla kagaensis*

クワジマーラ・カガエンシス

石川県白山市にある白亜紀前期の桑島化石壁から化石がみつかった全長30センチメートルほどのトカゲです。

ちょっとおしゃれな名前

「クワジマーラ」の「ラ（*lla*）」は、「小さな」を意味する女性詞です。転じて、「小さな乙女」となります。白山市産の化石には、こうした〝ちょっとおしゃれ〟な学名がつけられたものがいくつかあります。▼関連項目：アルバロフォサウルス（35ページ）、カガナイアス・ハクサネンシス（86ページ）。

桑島の化石壁

「クワジマ」の名前の由来となっている「桑島」は、石川県白山市における地区名の一つです。

桑島地区を流れる手取川沿いの崖の一つが、化石産地である「桑島化石壁」です。さまざまな動植物の化石を産出することがその名の由来となっています。かつては、桑島化石壁沿いに生活用の道路がありましたが、落石が多いために現在は使用されていません。かわりに、化石壁の奥を貫通するトンネルがつくられています。

現在の桑島化石壁の下は手取川ダムの滞水域となっています。しかし、ダムが建設されるまでは、そこにも崖が続いていました。今は水面下にあるその部分からは、かつて多くの珪化木（けいかぼく）（植物の幹の化石）が発見されました。そのため、１９５７年に桑島化石壁は国の天然記念物に指定されています。

なお、桑島化石壁は前述の通り落石が多く、また天然記念物でもあります。そのため、桑島化石壁で無許可で化石採集を行うことは禁止されています。

加賀

カガエンシスの「カガ」に使われている「加賀」は、石川県の旧地名であり、藩名であり、地方名です。そして、現在も石川県には加賀市という市があります。詳しくは、カガナイアス・ハクサネンシス（86ページ）の「加賀百万石」の項を参照してください。

No.042

［学名の意味］

ケツァルコアトル

［学名］*Quetzalcoatlus*

ケツァルコアトルス

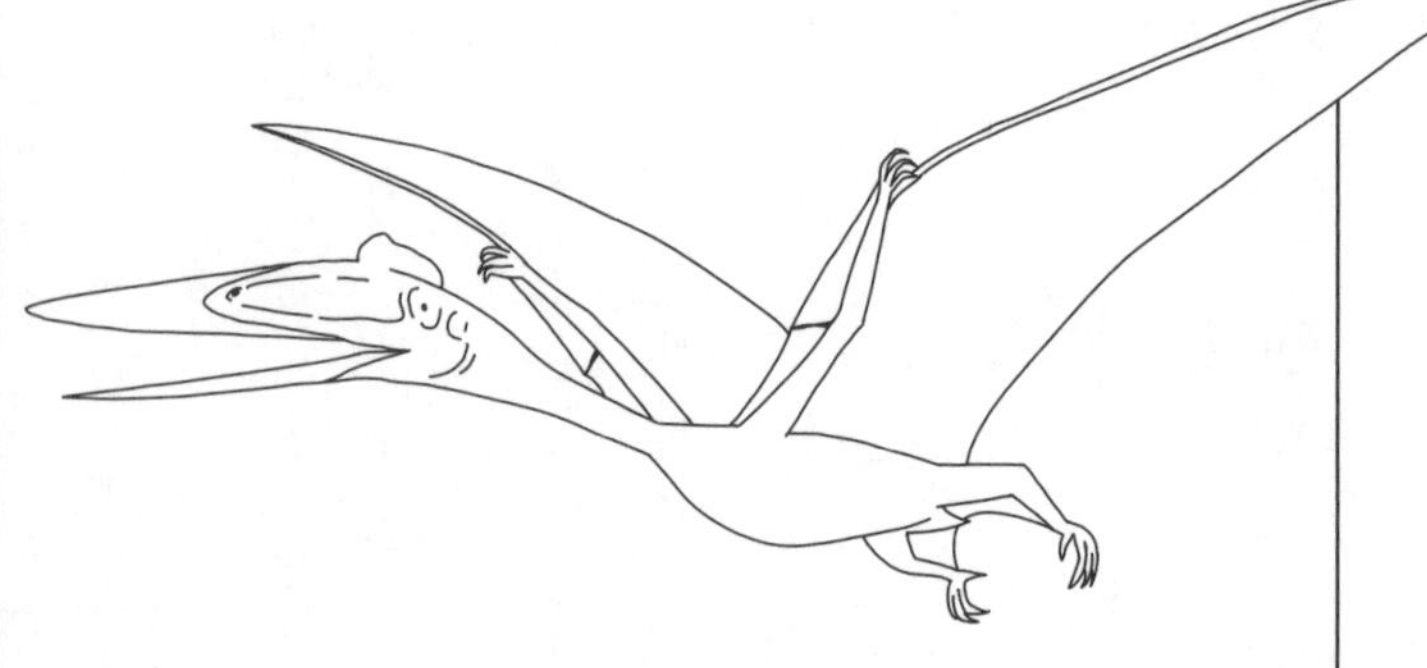

アメリカに分布する白亜紀後期の地層から化石が発見された大型の翼竜類です。翼開長（よくかいちょう）は10メートルに達したとされ、「史上最大の飛行動物」の一つとしてその名が挙げられることもあります。その一方で、大きすぎて、実は飛行できなかったのではないか、ともされています。

アステカの神

ケツァルコアトルは、アステカ文明の神話に登場する神の一柱です。主に水、農耕、豊饒（ほうぎょう）、風を司る「羽毛の生えたヘビ神」とされています。そのほかにも、火の起源、最初の男女の創造、太陽の創出などにも関与したともいわれています。

超大型の翼竜としてふさわしい名前といえますが、化石の産出地域に注意が必要です。その名前がアステカ文明に由来するため、メキシコから化石がみつかっているように思えてしまうかもしれません（アステカ文明はかつてのメキシコに築かれた古代文明です）。しかし実際の化石産地は、アメリカのモンタナ州とテキサス州です。このうち、最初に化石が発見されたテキサス州は、たしかにメキシコに面した州ではありますが、テキサス州自体にアステカ文明の遺跡があるわけではありません。

No.043

［学名の意味］

カエルの長老

［学名］*Gerobatrachus*

ゲロバトラクス

アメリカに分布する古生代ペルム紀の半ばの地層から化石がみつかっている両生類です。全長11センチメートルほどで、その姿は全体的に平たく、細い四肢と、短い尾をもっていました。

両生類の分類と「長老」

現在の地球にいる両生類は三つのグループに分けることができます。いわゆる「カエルの仲間」に相当する「無尾類」、イモリやオオサンショウウオが属している「有尾類」、ミミズのような姿をした種が属する「無足類」です。

ゲロバトラクスは、このうち無尾類と有尾類の共通祖先にあたると考えられています。だからこそ、「長老」として扱われているのです。無尾類と有尾類はその後、遅くても三畳紀前期が終わるまでの間に道を分かち、進化していったと考えられています。▼関連項目：トリアドバトラクス（194ページ）。

No.044

［学名の意味］

ゴジラトカゲ

［学名］*Gojirasaurus*

ゴジラサウルス

アメリカに分布する三畳紀後期の地層から化石が発見された全長6メートルほどの肉食恐竜です。

怪獣ゴジラ

「ゴジラサウルス」は、日本の特撮映画に登場する怪獣「ゴジラ」にちなむものです。怪獣のゴジラを英訳すると、本来のスペルは「Godzilla」となります。しかし、この恐竜の名前にはローマ字の綴りが採用されているため、日本人にとって馴染み深い発音（イントネーション）となっています。

映画としての『ゴジラ』は、1954年11月3日に第1作が公開されました。監督は本多猪四郎、原作は香山滋、特殊技術に円谷英二。観客動員数は961万人という記録的ヒットを遂げたことで、日本映画史にその名が残っています。その後、日本国内だけでも30本以上の〝ゴジラ映画〟が制作されています。

当初の設定では、ゴジラは水爆実験の影響で復活した大怪獣でした。1950年代といえば、東西冷戦の最中にあり、核戦争の危機がいつ現実となっても不思議ではない時代です。そんな時代に登場・復活したゴジラは、東京に上陸し、蹂躙（じゅうりん）し、破壊の限りをつくします。その後の作品では、ゴジラはさまざまな怪獣たちと戦いを展開します。

2016年には『新世紀エヴァンゲリオン』で有名な庵野秀明が総監督となった『シン・ゴジラ』が公開され、政府と官僚、そして自衛隊との戦いが描かれました。

日本の古生物関係者には、ゴジラのファンが少なくありません。その意味では、ゴジラは怪獣でありながらも、古生物学に影響を与えた作品であるといえるかもしれません。

No.045

［学名の意味］

コリンズ

［学名］*Collinsium*

コリンシウム

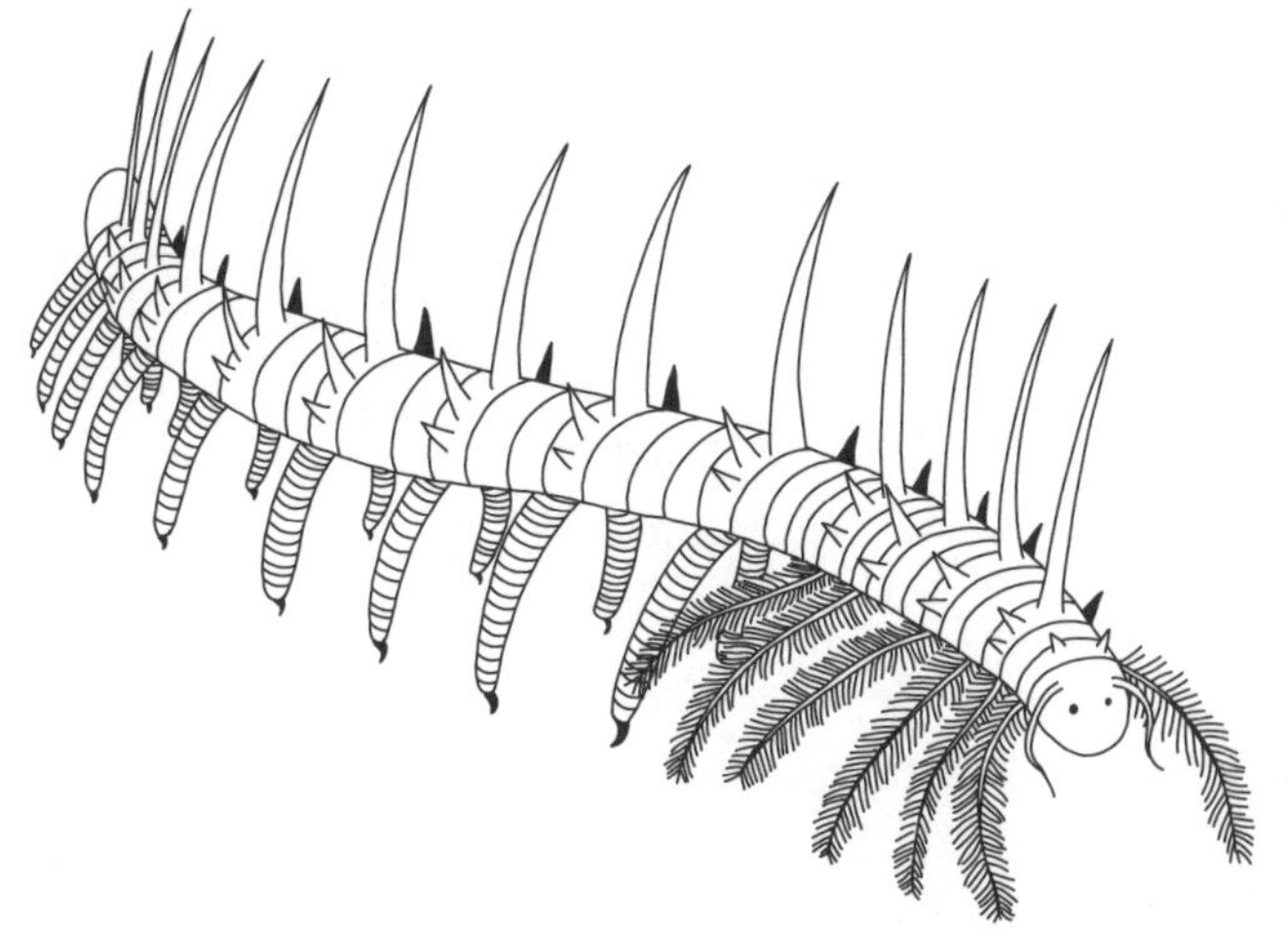

中国に分布する古生代カンブリア紀の地層から化石がみつかっている有爪（ゆうそう）動物です。細長いチューブ状の胴体で、背中側には大小のトゲ、腹側には細かな毛のついた足が並んでいました。

デスモンド・コリンズ

学名を献じられている「コリンズ」とは、この化石を発見したデスモンド・H・コリンズさんのことです。コリンズは、カンブリア紀の古生物の研究者として世界的にその名を知られる人物で、カナダのロイヤル・オンタリオ博物館に所属し、1975年から2000年にかけて行われたバージェス頁岩の発掘調査で指揮をとりました。1996年に彼が発表したアノマロカリス・カナデンシスに関する論文は、その生態復元として広く定着し、アノマロカリス・カナデンシスのイメージ像を広げることにも大きく貢献しています。▼

関連項目：アノマロカリス・カナデンシス（24ページ）。

なお、コリンズは発見者ではありますが、命名者ではありません。原則的に命名者は自分の名前を学名につけられないのです。

アカサタナハマヤラ

No.046

［学名の意味］

大きな生殖器をもつ泳ぐもの

［学名］*Colymbosathon*

コリンボサトン

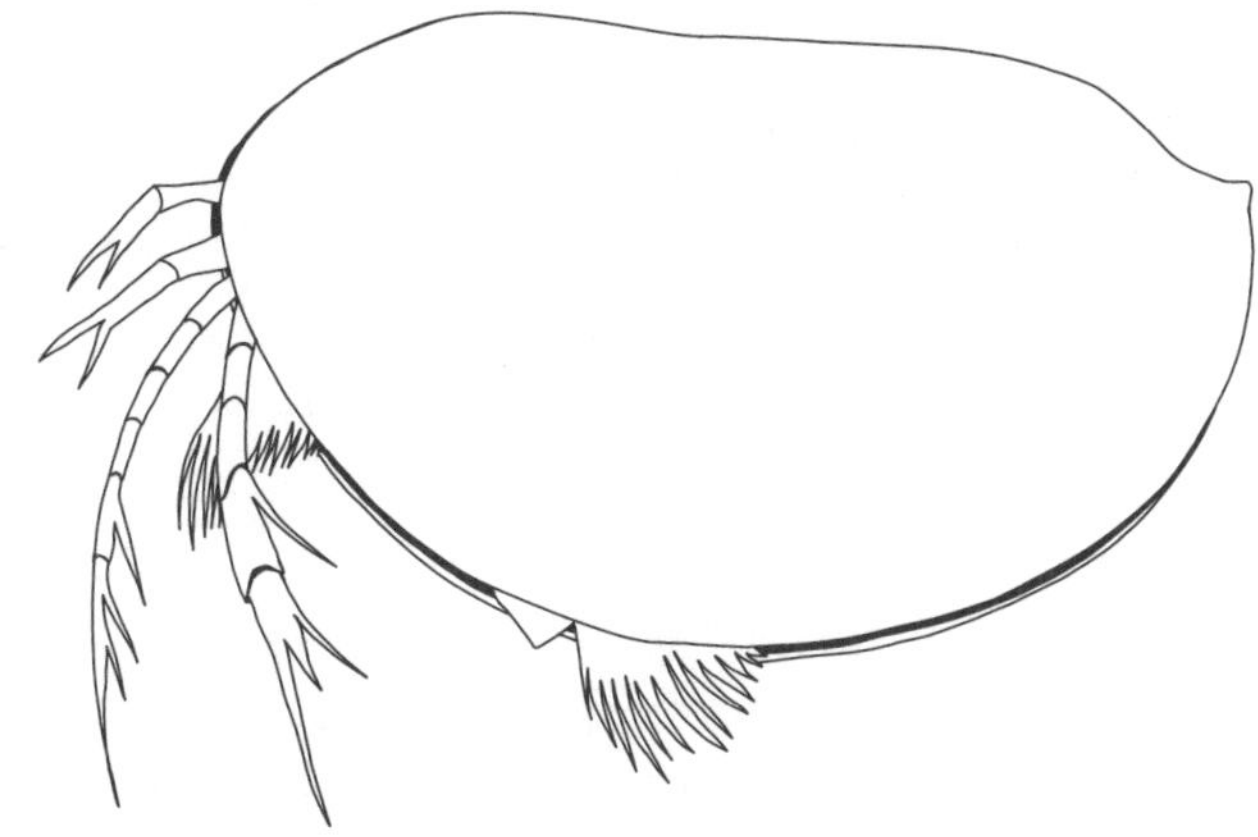

イギリスに分布する古生代シルル紀の地層から化石が発見された全長5ミリメートルほどの微生物です。米粒のような形状の殻をもち、介形虫類（かいけいちゅうるい）（オストラコーダ類）と呼ばれるグループに分類される甲殻類です。

世界最古の雄

コリンボサトンの学名が意味する「大きな生殖器」とは、雄の生殖器（ペニス）のことです。コリンボサトンの化石は、「雄の生殖器が確認できる最古の化石」として知られています。

そもそも古生物において、雌雄の判別は難問の一つです。特に、出産前の卵や胎児がしばしば化石として残る雌とは異なり、雄は妊娠していない雌との区別が難しいのが現実です。一部の哺乳類の雄には陰茎骨というペニスの骨があります。ただし、陰茎骨をもつ動物は限られていますし、生前は陰茎骨をもつ雄であったとしても、化石になる過程で陰茎骨が壊されて、化石に残っていないこともしばしばです。

そんな中、コリンボサトンには大きな雄の生殖器が確認されています。ただし、これは他の動物と比べてコリンボサトンの生殖器が硬く、化石に残りやすかったというわけではありません。

コリンボサトンの化石が発見されたのは、イギリスのイングランドとウェールズの境目付近にあるヘレフォードシャーという場所です。ヘレフォードシャーでみつかる化石は、火山灰の中に含まれる小さな岩の塊の中にあります。ただし、「岩の塊の中にある」とは言っても、生物の本体は消えて無くなっています。しかし、形の痕跡が細部まで残されているのです。そうした痕跡をコンピューターで解析することで、コリンボサトンの生殖器が確認されたのです。

No.047

［学名の意味］

篠山のひき臼＋河合

［学名］*Sasayamamylos kawaii*

ササヤマミロス・カワイイ

兵庫県に分布する中生代白亜紀前期の地層から化石が発見された全長十数センチメートルほどの哺乳類です。ネズミのような姿をしていました。

篠山

「ササヤマミロス」の「ササヤマ」は、化石が発見された篠山層群という地層と、現在の丹波篠山市の「篠山」にちなむものです。なお、この名前が命名された２０１３年当時は、丹波篠山市ではなく、「篠山市」でした。２０１９年に現在の名称に変更されています。

丹波篠山市は、兵庫県中東部に位置する市です。四方を山で囲まれており、人口は約４万１０００人。篠山藩時代からの歴史ある街として知られています。

篠山層群は、そんな丹波篠山市と、北西に隣接する丹波市に分布する地層です。白亜紀前期の陸上動物の化石を多産する地層として知られ、恐竜化石なども発見されています。なお、丹波篠山市は、丹波市と篠山市が合併……したわけでなく、篠山市が名称変更した自治体です。なお、「ミロス」は「ひき臼」を意味し、これは臼歯の形状にちなむものです。

カワイイは可愛い？

ササヤマミロス・カワイイはたしかに可愛らしいサイズですが、「カワイイ」が「可愛い」にちなむものではありません。この「カワイイ」は、丹波篠山市出身の霊長類学者である河合雅雄さんへの献名です。「河合」の「カワイ」をラテン語表記する際、その末尾に「.i」をつける決まりとなるため、「*kawaii*」となります。

あくまでも人名に由来する「カワイイ」ですが、発見されたときのマスコミ各社の報道では、意図的に「可愛い」を連想させるような見出しがつけられ、注目を集めました。日本語とラテン語の妙がもたらした効果といえるでしょう。

アカサタナハマヤラ

No.048

［学名の意味］

シヴァの獣

［学名］*Sivatherium*

シヴァテリウム

ケニアやタンザニア、インドなど、世界各地の新生代新第三紀の地層から化石が発見されているキリン類です。「キリン類」とはいっても、現生のキリンほど首は長くありません。翼のように平たいツノをもっていました。「シバテリウム」とも表記されます。

シヴァ

シヴァテリウムの最初の化石は、インドから発見されました。そのインドにおいては、ヒンドゥー教が広く信仰されています。

ヒンドゥー教には最高神と呼ばれる存在が三柱あり、シヴァはそのうちの一柱です。「シヴァテリウム」の「シヴァ」は、この最高神の名に由来します。世界に終末をもたらす破滅の神であるとともに、宇宙の創造、維持を象徴する舞も踊るとされる神です。男根を象徴することでも知られています。

三眼で、三叉の矛をもつ姿で描かれることもあります。

アカサタナハマヤラ

No.049

[学名の意味]

鹿間

[学名] *Sikamaia*

シカマイア

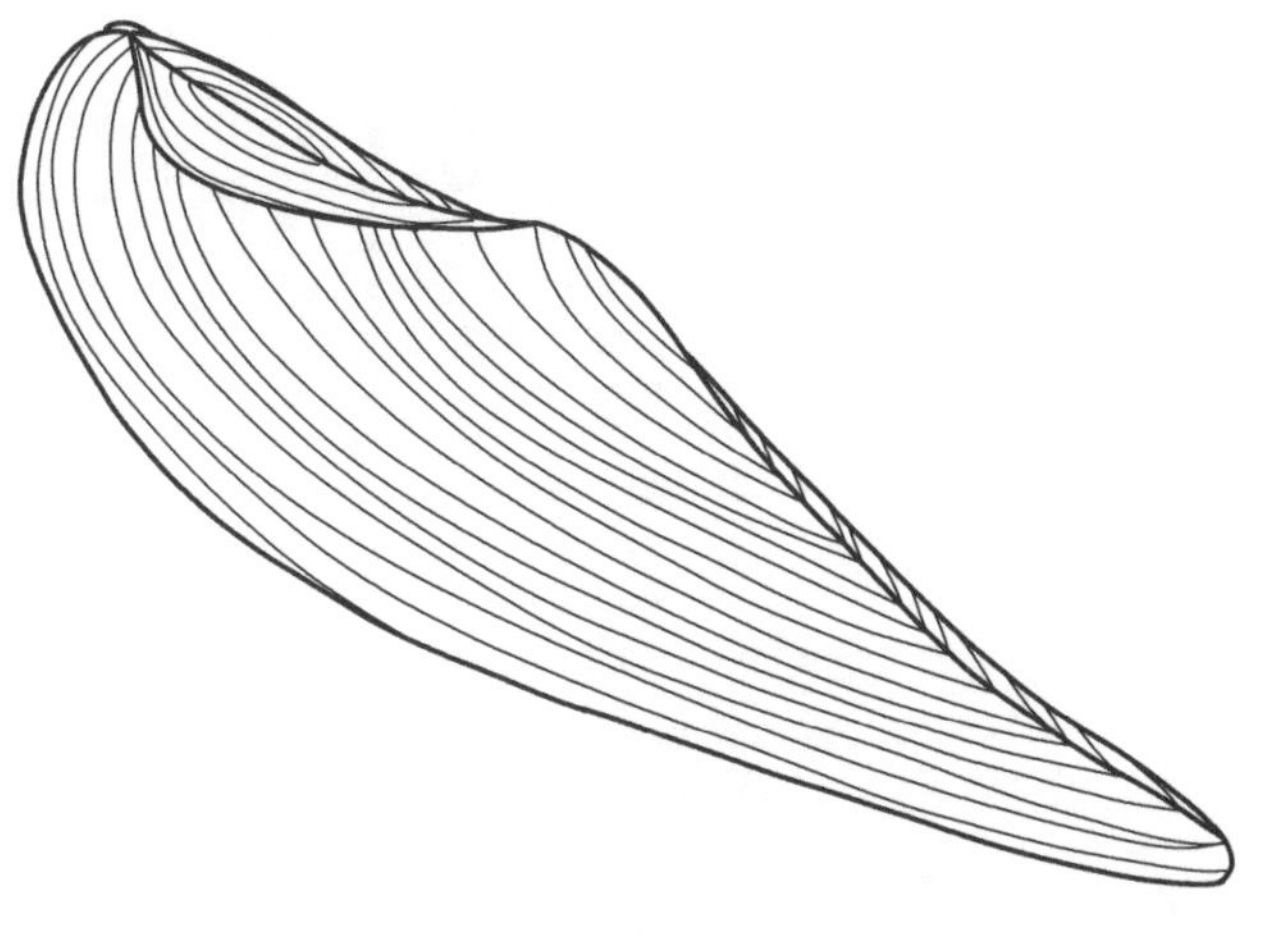

岐阜県にある古生代ペルム紀の石灰岩から化石がみつかる巨大二枚貝です。その大きさは、長径1メートルにも達しました。

鹿間博士

シカマイアの名前は、鹿間時夫にちなむもの。鹿間は、1912年に京都市に生まれ、東北帝國大学を卒業後、満州国立新京工業大学教授を経て、横浜国立大学教授となった人物です。幼少時から化石や鉱物に興味をもち、大学入学前にはすでに研究者としての素養があったと伝えられます。1978年に死去。長きにわたって、特に古脊椎動物の分野で日本を牽引し、多くの後進を育成しました。死去の翌年刊行された鹿間の著書『古脊椎動物図鑑』(朝倉書店)のあとがきでは、古生物学者の長谷川善和さんから「日本でもっとも化石に詳しい先生」との言葉が寄せられています。

No.050

［学名の意味］

封印

［学名］*Sigillaria*

シギラリア

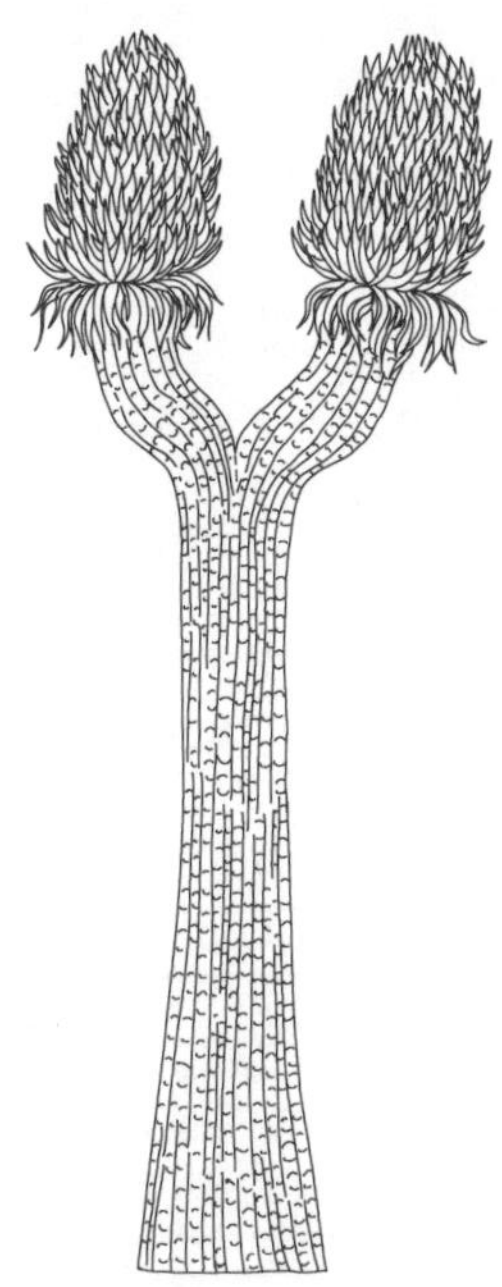

世界各地の石炭紀の地層から化石がみつかっているシダ植物です。樹高は30メートルに達したとみられています。レピドデンドロンなどとともに、当時、大森林を築いていました。

▶関連項目：レピドデンドロン（319ページ）。

封印されしもの

シギラリアは「封印」という意味。日本語では、この植物のことを「フウインボク（封印木）」と呼びます。

いったい何が封印されていたのでしょう？

……と、そんなファンタジックな想像をかきたてられますが、実際に何かがこの樹木の中に封印されていたわけではありません。シギラリアの樹皮を見ると、そこに六角形の模様が並んでいるのです。この模様が「封印」の由来です。

電子メール全盛期の近年ではほとんど目にすることはありませんが、かつては文書を送るとき、封をしたところに溶けた蝋（ろう）を垂らし、印章（ハンコ）を押し付けていました。これが「封印」です。手紙を読むためには、蝋を割らなくてはいけません。蝋が割れていないことが、開封されていない証明だったわけです。

シギラリアの樹皮表面にある六角形の模様は、その封印に似ている。そのため、この植物には「封印」の名前が与えられたのです。

シギラリアの樹皮。

文書の封印。

No.051

［学名の意味］

西大

［学名］*Xidazoon*

シダズーン

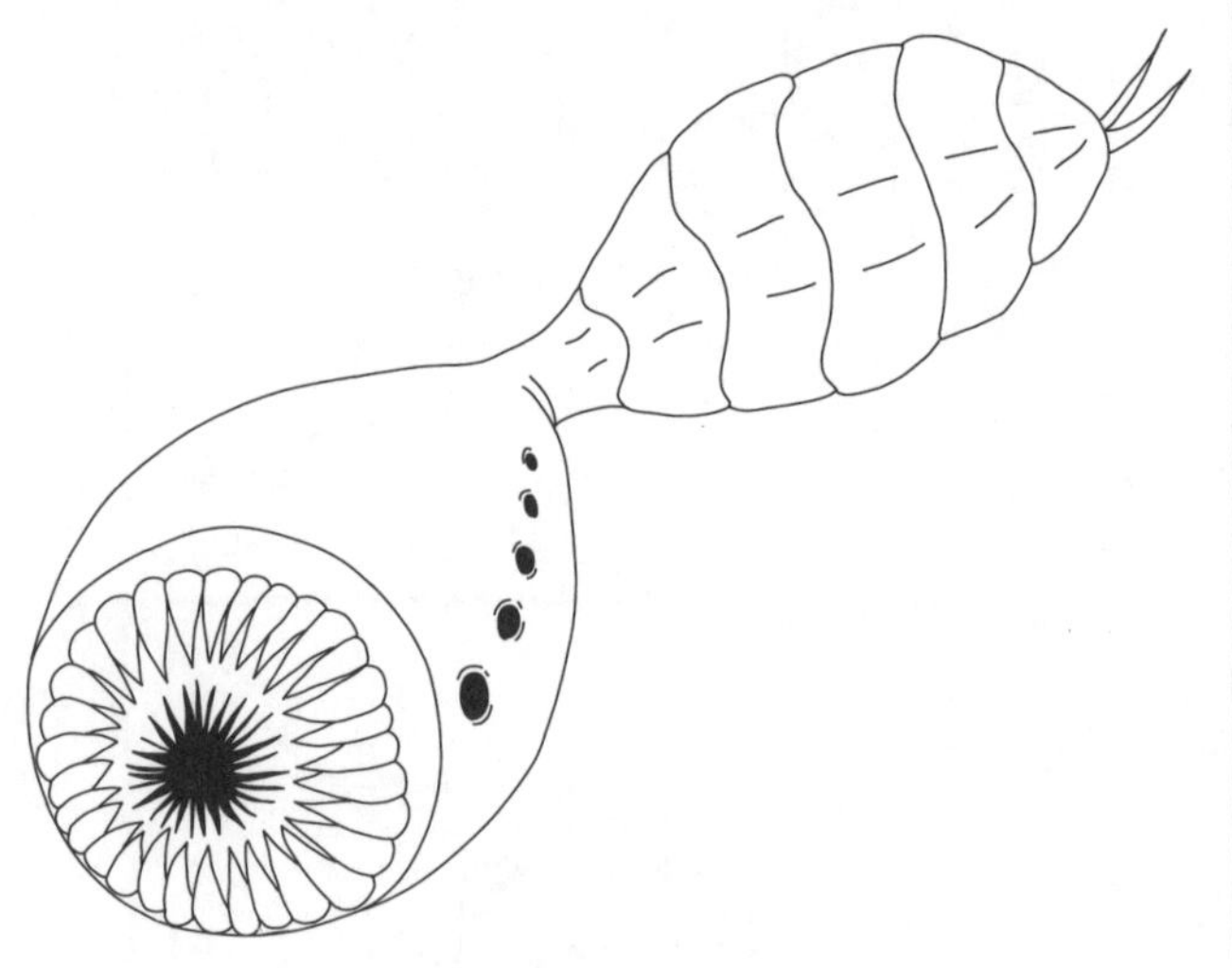

中国に分布する古生代カンブリア紀の地層から化石がみつかっている動物です。全長は10センチメートル弱で、円筒形のからだの後ろに尾びれのようなものがあるという、不思議な形をしていました。

西北大学

「シダズーン」は、中国の西北大学の略称である「西大」にちなむものです。

シダズーンの化石産地は、「澄江」と呼ばれる地域です。澄江では、シダズーン以外にも多くのカンブリア紀の化石が発見されています。

澄江において、積極的に組織的発掘を行っているチームは二つあります。一つが、中国科学院南京地質学研究所。もう一つが、西安にキャンパスを構える西北大学です。

澄江における発掘は、中国科学院南京地質学研究所と西北大学のチームが競うように進めてきました。ときには互いの調査を妨害するといった〝行き過ぎた競争〟も行われたようです。こうした複数のチームによる競争は研究を大きく進展させることになりますが、一方で、十分な検証が行われないまま多くの研究が発表されてしまう、という事態を招くことがあります。

No.052

[学名の意味]

中国のカメ＋ガメラ

[学名] *Sinemys gamera*

シネミス・ガメラ

中国に分布する中生代白亜紀前期の地層から化石が発見されているカメです。甲長20センチメートルほどで、甲羅の左右に突起が出ていました。

大怪獣ガメラ

「シネミス・ガメラ」の「ガメラ」は、日本の特撮映画『大怪獣ガメラ』に登場するカメの怪獣にちなむものです。ガメラはカメの怪獣ですが、空を飛びます。

大怪獣ガメラは、1965年11月27日に公開されました。その後、「ガメラシリーズ」と呼ばれる映画が制作されています。映画を手がけてきたKADOKAWAの井上伸一郎代表取締役専務によると「人類の味方とは限らないが、子供の味方ではある」「ほかの怪獣にはない陸海空すべてのフィールドで活躍できる機動力」がガメラの魅力とされています(『GAMERA』より引用)。

昭和時代につくられた作品群だけではなく、平成にも「平成三部作」と呼ばれる作品が発表されています。2015年には、ガメラの〝生誕50年〟を記念して、特設サイトで『GAMERA』が公開されています。興味のある方は、http://www.gamera-50th.jp/をご覧ください。

No.053

［学名の意味］

中国の羽毛が生えたトカゲ

［学名］*Sinosauropteryx*

シノサウロプテリクス

中国に分布する中生代白亜紀前期の地層から化石が発見されている全長1.3メートルほどの肉食恐竜（獣脚類）です。

羽毛恐竜の〝本格化〟

21世紀も20年が経過という現在、いわゆる「恐竜図鑑」を開くと、そこにはたくさんの羽毛恐竜が掲載されています。しかし、20世紀につくられた図鑑には、羽毛恐竜はいませんでした。

恐竜図鑑に羽毛恐竜がたくさん登場する。そのきっかけとなったのが、1996年に報告されたシノサウロプテリクスです。その化石には、はっきりとした羽毛の痕跡が確認されました。シノサウロプテリクスの発見は、従来の鳥類の恐竜起源説を裏付ける強力な証拠となり、この説が大きな注目を集めるきっかけとなります。

その後、特に中国では続々と羽毛恐竜の化石が報告されるようになります。羽毛が残されている化石は、発見されているすべての恐竜化石の数からみればほんのわずかです。しかし、さまざまな分類群の恐竜で羽毛をもった化石が確認されたことで、「近縁種であれば羽毛があっても不思議ではない」と考えられるようになり、現在では多くの恐竜が羽毛がある姿で復元されるようになりました。

No.054

［学名の意味］

中国の大きなツノ＋矢部

［学名］*Sinomegaceros yabei*

シノメガロケロス・ヤベイ

日本各地の第四紀の地層から化石が発見されているシカです。肩高1.7メートルほどで、和名で「ヤベオオツノジカ」とも呼ばれます。その名の通り、大きなツノをもっていました。ナウマンゾウなどとともに化石がみつかることでも知られています。▶関連項目：パラエオロクソドン・ナウマンニ（223ページ）。

大きなツノ

「シノメガロケロス」という属名、「ヤベオオツノジカ」という和名、そのどちらもが、このシカの大きなツノに言及しています。

ヤベオオツノジカのツノは、実に大きなものです。左右幅は実に1・5メートル。左右それぞれのツノは根元で前後の2方向へ分かれ、その先はまるで手のひらのように広がっていました。「ギガンテウスオオツノジカ」ほどではありませんが、それでも一度見たらなかなか忘れない。そんな大きさがあります。▼関連項目：メガロケロス・ギガンテウス（301ページ）。

矢部博士

「シノメガロケロス・ヤベイ」の「ヤベイ」は、大正から昭和初期にかけて活躍した日本の古生物学者、矢部長克への献名です。

矢部は、1878年に東京都で生まれ、中学生時代にすでに化石についての論文を書いていたという逸話があります。1901年に東京帝國大学理科大学地質学科を卒業し、そのときの研究で北海道の白亜紀・第三紀（当時の呼び名。現在でいうところの古第三紀と新第三紀をあわせたもの）の地層と化石の関係を調べました。その後、大学院に進学し、学位をとったのちに海外留学。留学中に東北帝國大学教授に任命され、帰国したのちは同大学の地質学科の創設を行っています。特にアンモナイトの研究で多くの実績を残しました。1935年から1936年にかけて、日本古生物学会の初代会長をつとめ、その後、第8代会長もつとめました。

日本古生物学会のシンボルマークでもあり、日本を代表する化石の一つでもある「ニッポニテス」や「プラヴィトセラス」を研究し、命名したことも、矢部の仕事の一つです。

▼関連項目：ニッポニテス・ミラビリス（201ページ）、プラヴィトセラス・シグモイダレ（256ページ）。

1969年没。享年は90歳でした。

No.055

[学名の意味]

ジュラ紀の母

[学名] *Juramaia*

ジュラマイア

中国に分布する中生代ジュラ紀の地層から化石が発見されている哺乳類です。発見されている化石は前半身だけで、その大きさは5センチメートルほどでした。

どんな母？

ジュラマイアに「母」を意味する「マイア」という言葉が使われている理由は、この動物が私たちと同じ「真獣類」と呼ばれるグループの一員だからです。知られている限り、ジュラマイアは最古の真獣類です。その意味で、「私たちの母たる存在」ともいえます。ただし、後半身の化石が未発見であるため、「どのような母だったのか」は謎につつまれています。いったい〝最古の真獣類〟は、どのように子供を産んでいたのか、それがわからないのです。

真獣類は、「有胎盤類」とも呼ばれます。雌が子を育てる胎盤をもっているからです。しかし、ジュラマイアの化石には後半身がないので、胎盤をもっていたのかどうかが未確認です。最古の真獣類を「有胎盤類」と呼んで良いのか。わかっていません。▼関連項目：エオマイア（66ページ）。

No.056

［学名の意味］

シンシナティのウミユリ

［学名］*Cincinnaticrinus*

シンシナティクリヌス

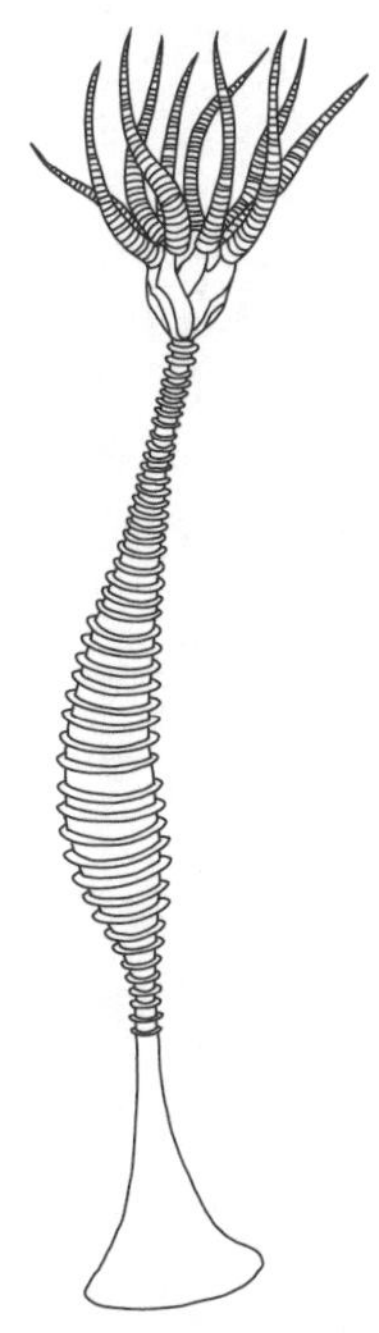

カナダやアメリカに分布する古生代オルドビス紀の地層から化石がみつかっているウミユリ類です。全長は10センチメートルほどで、他種と比べると萼（がく）が小さいことを特徴の一つとします。

オルドビス紀といえば、シンシナティ

シンシナティとは、アメリカ中西部、オハイオ州の南端にある都市です。古くからの交通の要衝として知られています。

シンシナティ周辺は、アメリカ国内で有数の化石産地です。特にオルドビス紀後期の地層が広く分布していることで知られています。遅くても19世紀後半には、多くの研究者と愛好家が化石採集をはじめていました。伝統的に、知識と技術をもったアマチュアの愛好家が多くいることでも知られ、研究者とともに古生物学の発展に寄与してきました。

アカサタナハマヤラ

No.057

［学名の意味］

屋根トカゲ

［学名］*Stegosaurus*

ステゴサウルス

アメリカに分布する中生代ジュラ紀後期の地層から化石が発見されている植物食恐竜です。全長6.5メートル。背中にひし形の骨の板が並んでいました。

屋根？

「ステゴサウルス」の「ステゴ」には、「屋根」や「覆われた」という意味があります。

復元された骨格や復元画を見ると、「いったいどこに屋根が？」と思われるかもしれません。

しかし、19世紀末にステゴサウルスが報告されたとき、背中の骨の板は、現在のように直立しているとは考えられませんでした。まさに屋根のように、ステゴサウルスを覆っているとみなされたのです。そのため、この名前がつけられました。

No.058

［学名の意味］

ナイフのような歯

［学名］*Smilodon*

スミロドン

アメリカなどに分布する新生代第四紀の地層から化石がみつかっているネコ類です。いわゆる「サーベルタイガー」の代表種としても知られ、口先には長い犬歯がありました。

どんどんのびるナイフ

学名の由来ともなっている犬歯は、1ヶ月で6ミリメートルほど成長したと分析されています。1年で7・2センチメートルも長くなるわけです。そうして長くなった犬歯をいかすため、スミロドンの顎は120度も開くことができたとされています。

でも、主武器は猫パンチ

スミロドンといえば、長い犬歯。その犬歯は、学名が示すように鋭く、そして、薄い構造です。そのため、切れ味は良いのですが、横方向からの衝撃には弱く、折れやすかったとみられています。戦いの際の主武器(メインウエポン)とするわけにはいきません。

スミロドンにとっての最大の武器は、太い前脚が繰り出す「猫パンチ」だったようです。ある研究によれば、スミロドンはどうやら幼い頃から腕っ節が強かったらしく、基本的にはパンチで相手を倒していたとされています。ナイフのような犬歯は、そうして倒した相手に「とどめの一撃」を与えるためのものだったとみられています。相手が満足に動けないようにしてから、喉の頸動脈などの弱点を切り裂くのです。

No.059

［学名の意味］

ダーウィン

［学名］*Darwinius*

ダーウィニウス

ドイツにある新生代古第三紀の地層から化石がみつかった霊長類です。全長58センチメートル。みつかっている化石は、1個体だけです。命名に関する論文を執筆したある研究者の娘の名前にちなみ、その化石には「イーダ」の愛称がつけられています。

チャールズ・ダーウィン

学名を献じられているのは、イギリスの自然科学者のチャールズ・ダーウィンです。ダーウィンは１８０９年に裕福な家庭で生まれ、高い教育を受けながら育ちました。そして、成長するとエディンバラ大学医学部中退後、ケンブリッジ大学で神学を学ぶようになります。しかし、神学にはあまり興味をもたず、従兄弟の昆虫学者の影響を受け、植物、昆虫、地質学の標本採集に夢中になっていきました。

その後、イギリス海軍の測量船、ビーグル号に生物学者として乗船し、５年にわたって各地を探検します。航海中の逸話として知られているのが、ガラパゴス諸島のフィンチの研究です。

ガラパゴス諸島の島々に暮らすフィンチという小島が、島によって少しずつクチバシが変わっていたことに気づきました。この差異は、島ごとの進化の結果として生まれたものであると解釈されました。こうしたさまざまな発見が、のちの『種の起源』へと繋（つな）がっていきます。

帰国後の１８４６年、航海中の発見に関する著作を発表し、学界から大きな注目を集めるようになりました。また、当時、地質学の権威として知られていたチャールズ・ライエルとも親交が深かったことが知られています。

１８４０年代以降のダーウィンは、庭園や温室、鳩や家畜とともに暮らしていました。彼は十分な資産をもっていたため、自分の研究に時間を費やすことができたとされています。

ビーグル号航海の経験や、さまざまな知見を集め、１８５９年に『種の起源』の初版を出版。いわゆる「進化論」を世界に発表したのです。

発表当初の進化論は、キリスト教関係者を中心に、多くの生物学者、古生物学者にも反対されました。しかし、しだいにダーウィンの考えは広く認められていきます。『種の起源』は第６版まで刊行され、さまざまな追加情報が収録されていきました。

晩年のダーウィンは病に悩まされ、１８８２年に病死します。享年は73歳でした。

ダーウィニウスがダーウィンにちなむ意味

イーダと愛称がつけられた化石は、とにかく保存が良く、頭から尾まで残っていました。発表当初のダーウィニウスは、「直鼻猿類」というグループに分類されました。このグループには人類も含まれています。ダーウィニウスを名付けた研究者たちは、ダーウィニウスは人類のはるか祖先にあたる種、と考えたのです。

だからこその、「ダーウィニウス」でした。人類の進化を考えるうえで、最重要種の一つとされ、故に、進化論で有名なダーウィンにちなんだのです。

ただし、ダーウィニウスを命名した論文が発表されたその年のうちに、ダーウィニウスの分類は「直鼻猿類」ではなく、「曲鼻猿類」である、という指摘がなされました。曲鼻猿類はキツネザルなどが属するグループで、人類には繋がりません。

現在では、この指摘の方が広く受け入れられており、ダーウィニウスは人類の進化とは無縁とみなされることが多くなっています。

No.060

［学名の意味］

ダーウィンの翼

［学名］*Darwinopterus*

ダーウィノプテルス

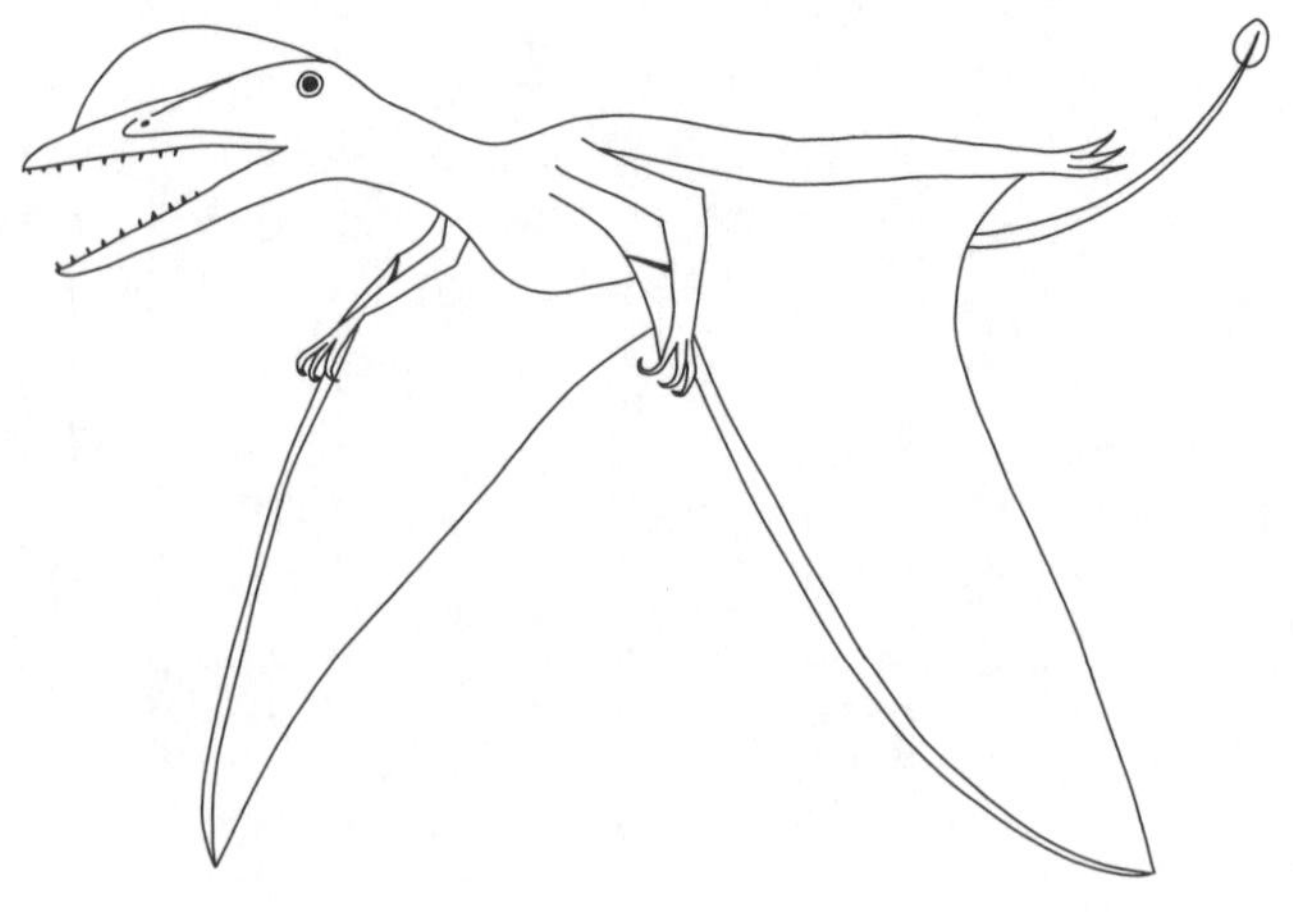

中国にある中生代ジュラ紀後期の地層から化石が発見された翼竜類です。翼開長（よくかいちょう）は約90センチメートル。大きな頭部と長い尾をもっていました。

中国産の化石なのにダーウィンである理由

「ダーウィノプテルス」の「ダーウィン」とは、もちろん、チャールズ・ダーウィンのことです。イギリスの自然科学者で『種の起源』を著し、進化論の立役者となった人物です（ダーウィンについての詳しい情報は、ダーウィニウス（164ページ）の「チャールズ・ダーウィン」の項を参照してください）。

ダーウィノプテルスの化石は中国でみつかりました。ダーウィンの故郷であるイギリスとは遠く離れています。

なぜ、中国産の翼竜に「ダーウィン」の名前が使われているのでしょうか？

それは、この翼竜が翼竜類の進化史においてとりわけ重要と考えられたからです。

翼竜類は、大きく二つのグループに分けることができます。「頭が小さくて尾が長い原始的なグループ」と「頭が大きくて尾が短い進化的なグループ」です。ダーウィノプテルスは「頭が大きくて」「尾も長い」。つまり、原始的なグループと進化的なグループの両方の特徴を備えているのです。そのため、ダーウィノプテルスを研究することで、「頭が小さくて尾が長い原始的なグループ」から「頭が大きくて尾が短い進化的なグループ」が生まれるその途中段階がよくわかる、と期待されています。翼竜類の進化の鍵を握っているかもしれない。だからこその、「ダーウィン」なのです。

ア
カ
サ
タ
ナ
ハ
マ
ヤ
ラ

No.061

［学名の意味］

長い連なり

［学名］*Tanystropheus*

タニストロフェウス

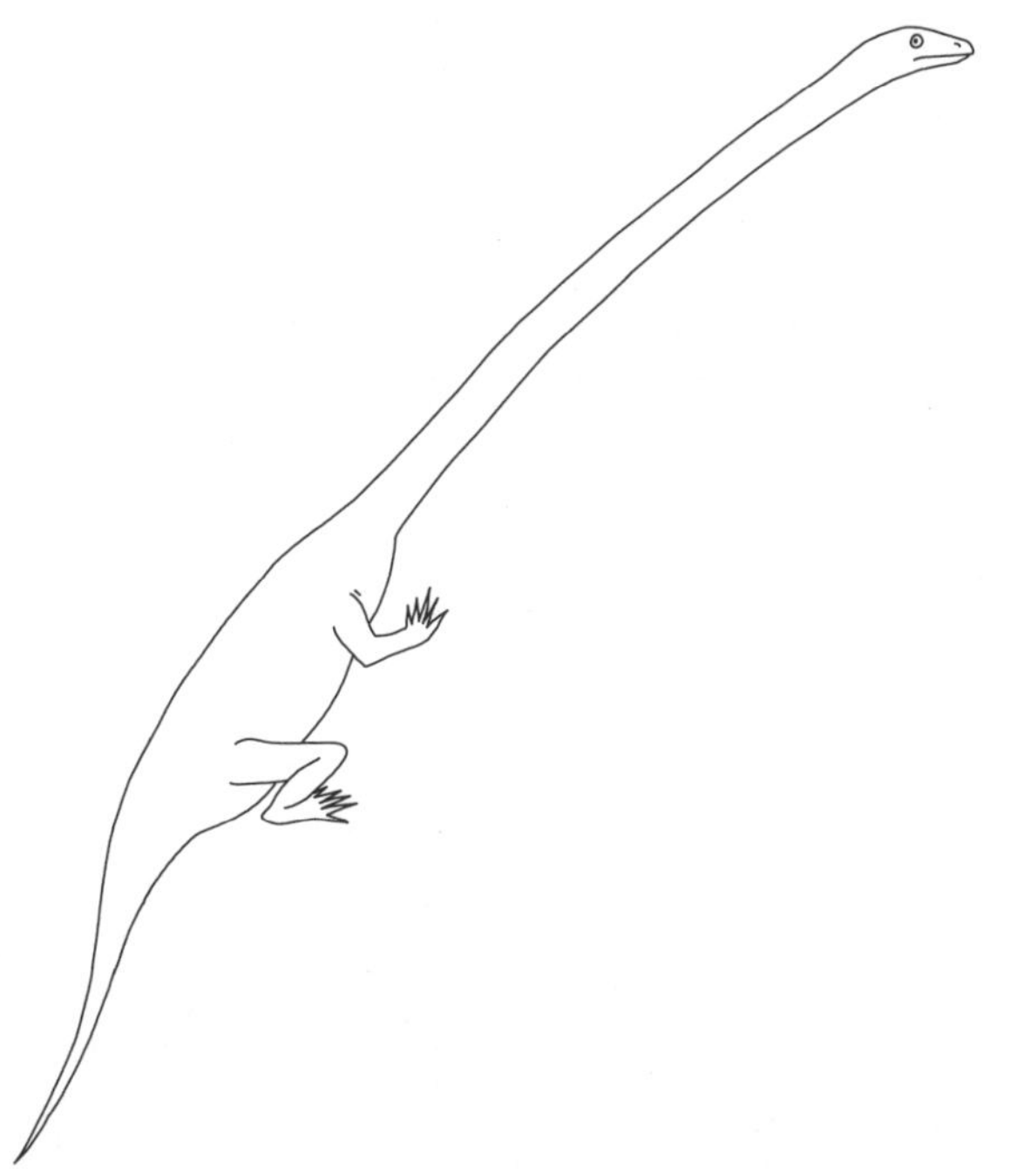

ドイツ、スイス、イスラエルなどに分布する中生代三畳紀中期の地層から化石が発見されている爬虫類（はちゅうるい）です。全長は6メートルほどで、その半分を首が占めていました。

恐竜たちとのちがい

タニストロフェウスの「長い」ものとは？

それはもちろん、首のことです。

首の長い爬虫類といえば、アパトサウルスなどの恐竜類やフタバサウルスなどのクビナガリュウ類を思い浮かべるかもしれません。▼関連項目：アパトサウルス（30ページ）、フタバサウルス・スズキイ（２４９ページ）。

しかし、タニストロフェウスの長い首には、恐竜類やクビナガリュウ類のそれとは、決定的なちがいがありました。恐竜類やクビナガリュウ類の首が長いのは、首をつくる個々の骨（頸椎（けいつい））の数が多いためです。一方、タニストロフェウスの首は、頸椎自体が長いのです。

数が多いわけではなく、骨が長い。こうしたつくりは、哺乳類のキリンとも通ずる特徴です。

ア
カ
サ
タ
ナ
ハ
マ
ヤ
ラ

No.062

［学名の意味］

ワニのようなトカゲ

［学名］*Champsosaurus*

チャンプソサウルス

アメリカ、カナダ、フランスなどから化石が発見されている爬虫類です。全長4メートルほど。「コリストデラ類」という絶滅したグループに属します。

ワニでもトカゲでもない

チャンプソサウルスは、「ワニ」を意味する「チャンプソ」の名が示すように、たしかにワニに似ています。特に長い吻部(ふんぶ)は現生のガビアル類にそっくりです。

しかし、チャンプソサウルスの属する「コリストデラ類」は、ワニとは無縁のグループです。コリストデラ類とワニ類の大きなちがいは、後頭部の形。コリストデラ類の後頭部は、ハート形になっているのです。

では、「サウルス」が意味するように、トカゲの仲間（トカゲ類）なのでしょうか？

これも、ノーです。トカゲ類でもありません。もっとも、「サウルス」には「トカゲ」のほかに「爬虫類」という意味もあります。コリストデラ類は爬虫類であることは確かなので、ここでは「ワニのような爬虫類」と訳すべきかもしれません。

ワニ類でもトカゲ類でもないコリストデラ類。

では、いったい爬虫類のどのグループに近縁なのかといえば、これがよくわかっていません。このグループの化石は日本からもみつかっていますが、謎だらけなのです。

アカサタナハマヤラ

No.063

［学名の意味］

恐ろしい手

［学名］*Deinocheirus*

デイノケイルス

モンゴルに分布する中生代白亜紀後期の地層から化石がみつかっている雑食性の恐竜です。足が速いことで知られるオルニトミモサウルス類というグループに属していますが、例外的に鈍重だったとみられています。長い手と背中の帆が特徴で、全長は11メートルに達しました。

謎の腕だった

デイノケイルスは、1965年に腕といくつかの部分化石が発見されました。その腕の化石は長さ2・4メートルという巨大なもの。この腕にちなんで、1970年にその名がつけられました。

その後、20世紀の間は、腕と一部の部分化石は発見されたものの、他の部位の発見は続きませんでした。

デイノケイルス以外に、これほどの長さのある腕をもつ恐竜は発見されず、デイノケイルスの全身像は「20世紀最大の謎」といわれていました。

2000年代に入って、デイノケイルスの残りの部位の化石が発見されました。そのうちの一つが帆でした。こうした発見と研究の成果が発表されたのは、2014年のこと。化石の発見から49年のときを経て、デイノケイルスの姿が明らかになったのです。

アカサタナハマヤラ

No.064

［学名の意味］

恐ろしいワニ

［学名］*Deinosuchus*

デイノスクス

アメリカに分布する白亜紀後期の地層などから化石がみつかっている全長12メートルの巨大ワニです。現生のアリゲーターに近縁で、同じアリゲーター類に分類されます。

何が恐ろしいのか

「デイノスクス」の「デイノ」は、「恐ろしい」という意味のラテン語です。「恐竜」の英語である「デイノサウラ（Dinosaur）」も、これに由来します。もちろん、全長12メートルというサイズそのものが恐ろしさに直結するでしょう。このサイズは、かの肉食恐竜、ティラノサウルスとほぼ同等です。

そして、このサイズはけっして見掛け倒しではありませんでした。巨大な顎が生み出す噛む力は、実に1万7000ニュートン以上になったと推測されています。この値はティラノサウルスにこそかないませんが、大抵の肉食恐竜やワニ類を大幅に上回るのです。

そんなデイノスクスの獲物になったのは、どうやら恐竜たちのようです。水辺にやってきたところを襲われたのかもしれません。いくつかの恐竜類の骨化石には、デイノスクスのものとみられる歯型が確認されています。▼関連項目：ティラノサウルス（181ページ）。

No.065

［学名の意味］

フクロイヌ

［学名］*Thylacinus*

ティラキヌス

オーストラリアに分布する新生代古第三紀、新第三紀、第四紀の地層から化石が発見されている有袋類です。オーストラリア本土では3000年前に絶滅しましたが、タスマニア島では1936年まで生きていました。「タスマニア・ウルフ」とも呼ばれ、その姿はオオカミやイヌによく似ています。頭胴長は1メートルほどでした。

イヌに袋?

ティラキヌスは、カンガルーやコアラと同じ有袋類の動物です。雌の腹部にある袋の中で子を育てます。もちろん、学名は有袋類であることにちなみます。

一方で、学名の由来の一つであるイヌは、私たちと同じ有胎盤類の動物です。有袋類と有胎盤類はともに哺乳類のグループです。しかし、中生代に祖先が袂(たもと)を分かち、別々に進化してきました。

別々に進化したのに、姿が似通った種が誕生する。この現象は「収斂進化(しゅうれんしんか)」と呼ばれています。有袋類と有胎盤類には、しばしば収斂進化をした種が出現しています。有袋類のティラキヌスは、有胎盤類のイヌと収斂進化の関係にあるのです。

アカサタナハマヤラ

No.066

[学名の意味]

暴君竜

[学名] *Tyrannosaurus*

ティラノサウルス

いわずと知られた“肉食恐竜の王様”です。アメリカやカナダに分布する白亜紀後期の地層から化石がみつかっています。大きな頭部、がっしりとした顎、太い歯、そして小さな前脚がトレードマーク。全長13メートルの巨体です。

先見の明

ティラノサウルスの最初の化石は、1900年にアメリカのワイオミング州で発見されました。発見者は、凄腕の化石ハンターとして知られていたバーナム・ブラウン。当時、アメリカ自然史博物館の古生物学者、ヘンリー・オズボーンと協力関係にありました。

ブラウンは、1902年にもティラノサウルスの化石を発見しています。この1902年の標本に基づいて、オズボーンはティラノサウルスに関する最初の論文を1905年に発表。このとき、「ティラノサウルス・レックス」という学名がつけられました。「ティラノ」は暴君、「サウルス」は他の恐竜などと同じ「トカゲ」という意味ですが、日本語に訳すときは「暴君トカゲ」ではなく、「暴君竜」とすることがよくあります。また、種小名の「レックス（*rex*）」にも「王様」という意味があります。

この命名に使われた標本は、かなり不完全なものでした。頭骨でさえ、部分的なものです。そんな不完全な標本に「暴君竜」の名前を与えたオズボーンの先見の明とセンスは素晴らしいといえるでしょう。

実際、のちにティラノサウルスはその名にふさわしい姿に復元されるようになりますし、その名前は世界中の人々にこの恐竜の生態を認知させていきます。21世紀の現在では、「ティラノサウルス」と聞いただけで、多くの人が暴君としてのその姿を思い浮かべることができるはずです。

命名規則の〝例外〟

実は、ティラノサウルスの名前は消えかけたことがあります。

それというのも、学名の命名規則が原因です。学名には「先取権の原則」があります。これは、異なる学名がついた複数の種があったとして、その後の研究によって実はその複数の種が同一種だった場合に適用されます。先に名付けられた方に統一されるのです。有名な例としては、アパトサウルスとブロントサウルスの話があります。▼関連項目：アパトサウルス（30ページ）、ブロントサウルス（272ページ）。

ティラノサウルスは、「マノスポンディルス（*Manospondylus*）」という恐竜と同種ではないか、との指摘がありました。「マノスポンディルス」は「薄い背骨」という意味です。この恐竜は、ティラノサウルスの命名よりも10年以上早く名付けられています。もともと別種と考えられていたのですが、のちの研究で同種である可能性が指摘されたのです。

先取権の原則にしたがえば、マノスポンディルスの方が先に命名されていますので、ティラノサウルスという名前は抹消され、マノスポンディルスに統一されることになります。しかし、これほどまでに有名になった古生物の名前を変更するとなると、混乱が起きることは確実です。

そこで、2000年に開かれた国際会議で検討され、ティラノサウルスはティラノサウルスのままでいくことが決められました。あまりにも有名であるために、例外として扱われることになったのです。

ア
カ
サ
タ
ナ
ハ
マ
ヤ
ラ

No.067

［学名の意味］

束ねた円柱

［学名］*Desmostylus*

デスモスチルス

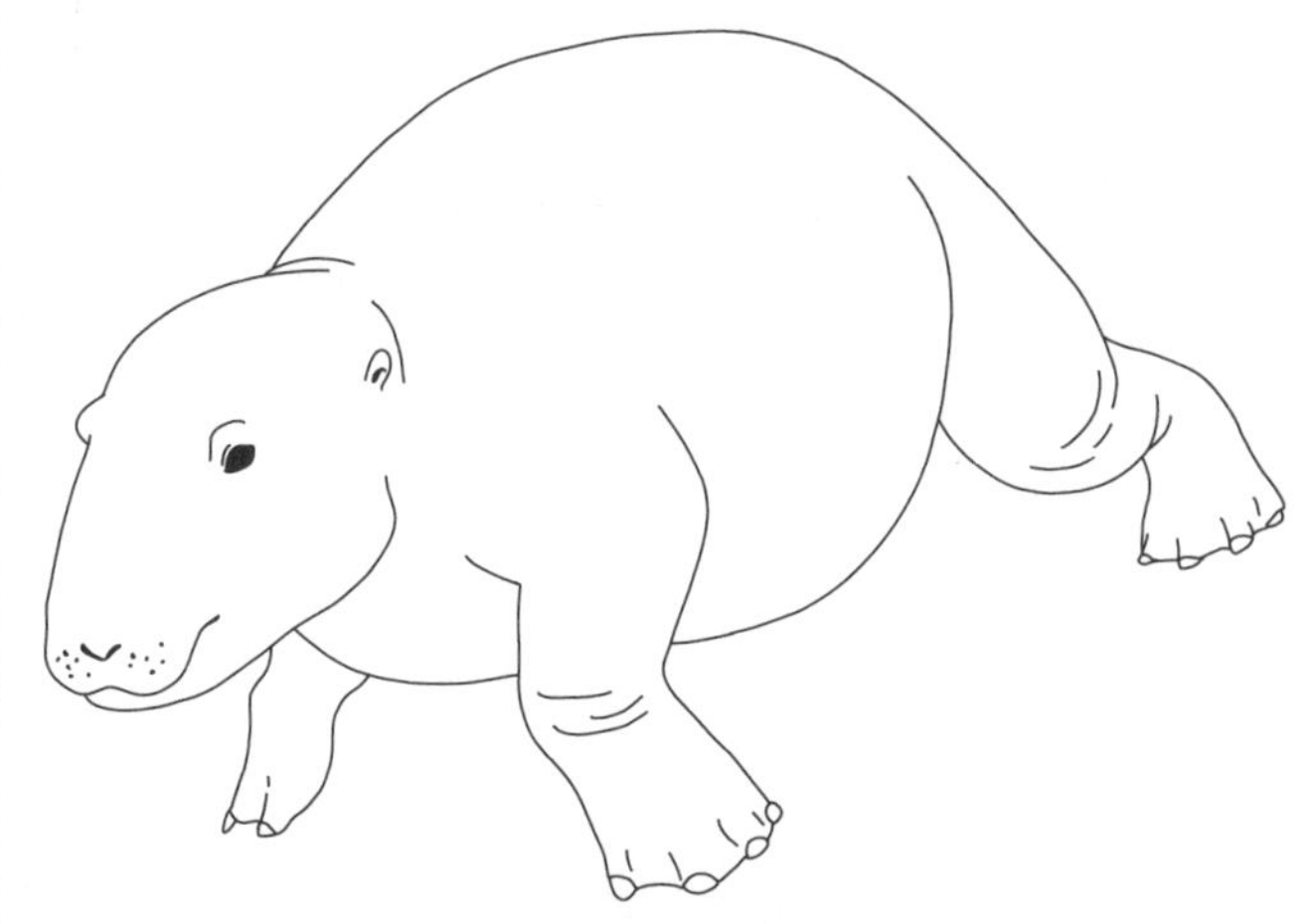

日本をはじめ、アメリカやロシアの太平洋沿岸地域で化石がみつかっています。新生代新第三紀の哺乳類です。全長2.5メートルほど。

謎の歯

「デスモスチルス」は「束ねた円柱」という意味。これは、デスモスチルスの臼歯の形にちなむものです。

デスモスチルスの臼歯は、まるで海苔巻き（干瓢巻きなど）を数本束ねたような形をしています。数本の海苔巻き（円柱）が束ねられ、根元で一つになって1本の臼歯です。

臼歯の形は、哺乳類にとって分類の要です。臼歯の形から、近縁種もわかります。しかし、デスモスチルスの歯は独特すぎて、現生の哺乳類に似た形の臼歯をもつものがいません。そのため、デスモスチルスは「謎の哺乳類」として扱われています。

もっとも、現生種には似た形の臼歯をもつものはいませんが、古生物にはいくつか確認されています。その中の一つが、アショロアです。似た臼歯をもつ仲間たちはまとめられて、「束柱類」というグループがつくられています。▼関連項目：アショロア（19ページ）、パレオパラドキシア（231ページ）。

アカサタナハマヤラ

No.068

［学名の意味］

4本足のヘビ

［学名］*Tetrapodophis*

テトラポッドフィス

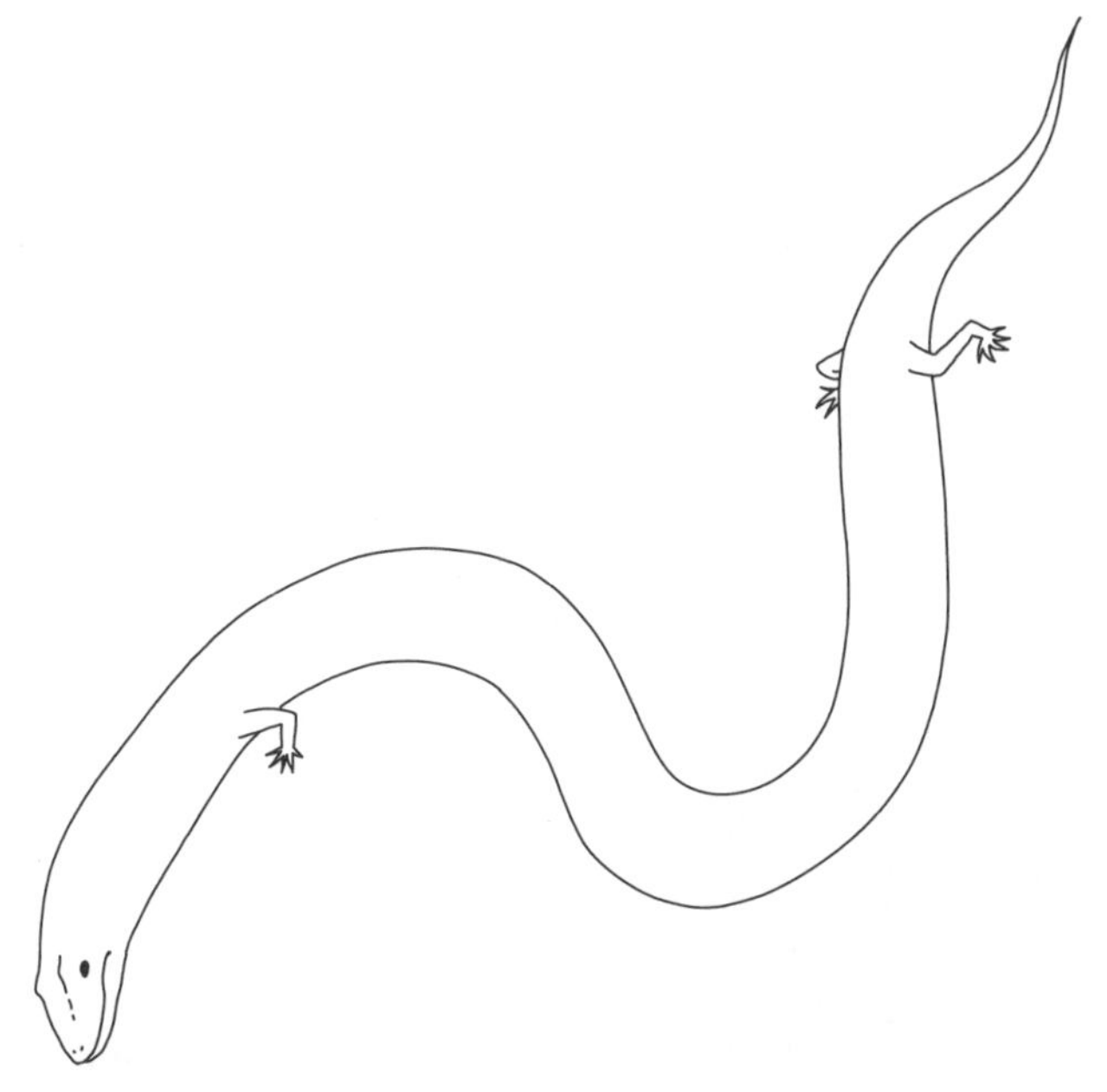

ブラジルに分布する中生代白亜紀前期の地層から化石がみつかっている爬虫類（はちゅうるい）です。最古級のヘビとも、ヘビに近縁のグループに属するものともいわれています。全長20センチメートルほどで、長い胴体に小さな四肢がありました。

ヘビの進化

現生のヘビ類には、足がありません。しかし、もともとヘビ類はトカゲのような姿をした爬虫類から進化したと考えられています。

ヘビ類の進化を考えるうえで、「重要種」とされる爬虫類がいくつかあります。テトラポッドフィスもその一つです。

テトラポッドフィスが最初期のヘビ類、もしくは、それに近い種であるということが正しいのなら、ヘビ類は足を消失する前に、胴体がひものように長くなっていたことがわかります。また、テトラポッドフィスは陸棲(りくせい)種ですから、足の消失に繋(つな)がる進化は陸で起きた可能性が高いこともわかります。この場合、陸で穴を掘る際に足が不要だったともみられています。初期のヘビ類は地中で暮らしていたのかもしれません。

テトラポッドフィスの〝次の段階〟とみられるヘビ類の化石もみつかっていて、その化石には前脚がなく、小さな後ろあしだけがありました。ナジャシュがその一つです。▼関連項目：ナジャシュ（198ページ）。

No.069

［学名の意味］

怪物の盾

［学名］*Terataspis*

テラタスピス

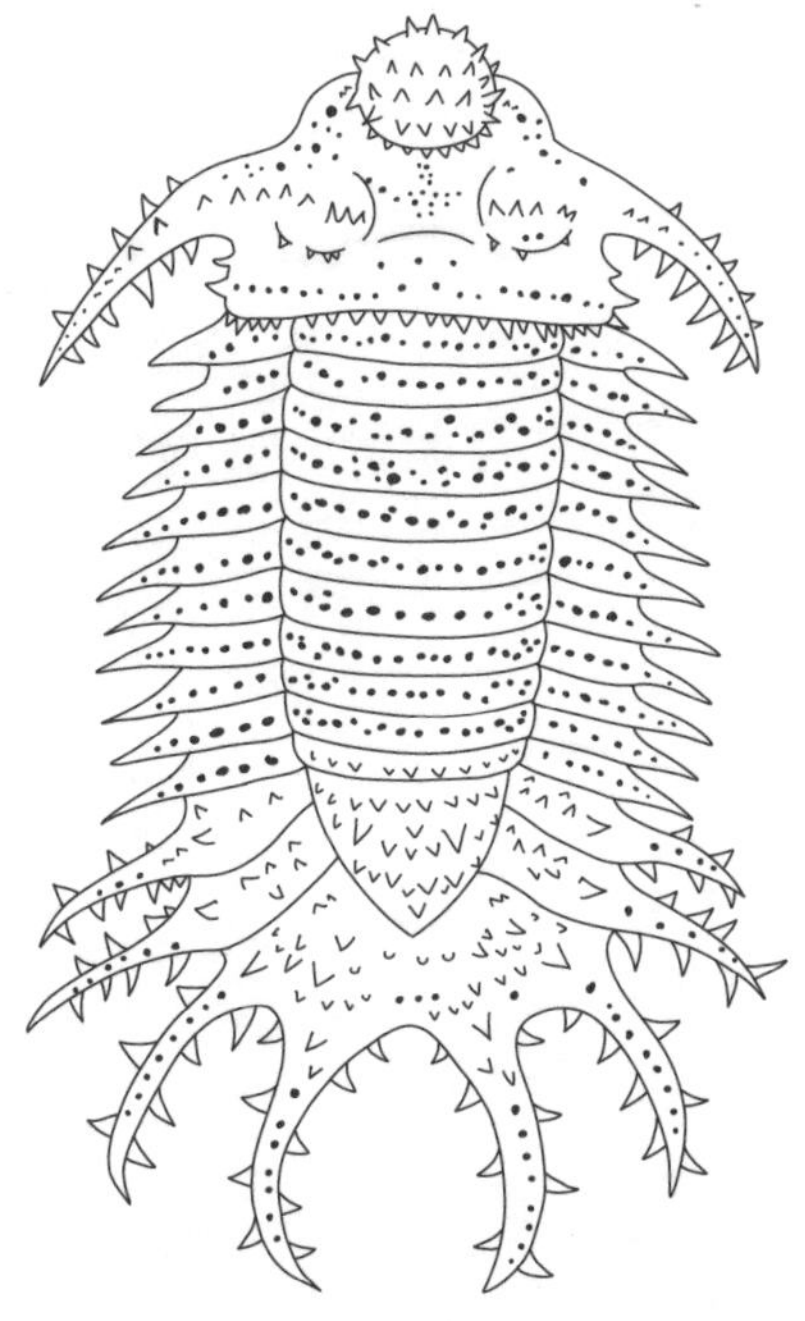

カナダに分布する古生代デボン紀の地層から化石がみつかっている三葉虫類です。全身が残った化石は未発見ですが、部分化石から推測される全長は60センチメートルに達しました。全身を覆う大小のトゲも特徴の一つです。

盾と呼ばれるほどの巨体

三葉虫類は、古生代を通じて繁栄したグループです。節足動物に分類され、総種数は1万種以上。「化石の王様」とも呼ばれています。

そんな三葉虫類の多くは全長10センチメートル以下です。全長60センチメートルというテラタスピスは、1万種以上を数える三葉虫類の中で、5本の指に入る巨大さです。大小のトゲがあるものの、全体的に平たいその姿は、まさしく戦士がもつ「盾」にふさわしいといえます。

No.070

［学名の意味］

豊玉姫＋待兼山

［学名］*Toyotamaphimeia machikanensis*

トヨタマフィメイア・マチカネンシス

大阪に分布する新生代第四紀の地層から化石が発見されたワニです。全長7.7メートルという大型種です。その大きさや、風貌がどことなく似ていること、あるいは中国の歴史書に使われる文字の解析などから、「龍」のモデルではないか、という指摘もあります。「マチカネワニ」の和名でも知られています。

豊玉姫

「トヨタマフィメイア」という名前は、『古事記』に登場する「豊玉姫」にちなむものです。『古事記』においては、「豊玉毗賣命」と記述されます。豊玉姫（豊玉毗賣命）の逸話は、『古事記』上巻の「日子穂々出見命（火遠理命）」の項に収録されています。

豊玉姫はもともと海の国で暮らす海神の娘で、山の幸を得て暮らしていた火遠理命と出会い、結ばれ、地上へやってきたとされています。その後、出産するときに「およそ他国の人は子を産むときに臨むと、その本国の姿で産みます。それで、私も本来の姿になって産みます。どうか私をご覧にならないでください」（角川ソフィア文庫『新版古事記』の現代語訳より引用）と火遠理命に告げ、産屋にこもりました。

しかし、火遠理命は好奇心に負け、豊玉姫の出産をのぞき見してしまいます。すると、そこには豊玉姫の姿はなく、くねくねと這い回るワニがいました。そのワニこそが、豊玉姫だったのです。

そして、火遠理命ののぞき見に気づいたワニ（豊玉姫）は、怒りのあまり産んだ子を置いて、海の国へと帰ってしまいます。

この逸話から、豊玉姫は「ワニの化身」とされます。マチカネワニの化石は、日本産のワニ化石としては最大級です。日本を代表するワニ化石ともいえます。そんなマチカネワニに豊玉姫の名が与えられているのは、まさにこの逸話にちなむものです。

待兼山

「マチカネンシス」の由来であり、「マチカネワニ」の和名にも使われる「マチカネ」は、「待兼山」にちなむものです。

待兼山は、大阪府豊中市の大阪大学理学部構内にある丘陵のことです。ここに約40万年前の地層があり、その地層から１９６４年に化石が発見されました。尾の一部と下顎の一部は欠けているものの、それ以外はほぼ完全に残っていました。日本産の大型脊椎動物の化石としては、かなり珍しい高保存率の化石です。

No.071

[学名の意味]

三畳紀のカエル

[学名] *Triadobatrachus*

トリアドバトラクス

マダガスカルに分布する中生代三畳紀初頭の地層から化石がみつかったカエルの仲間（両生類）です。全長は11センチメートルほどでした。

カエル類の進化

いくつもあります。

　その一つは、「尾」です。現生のカエルは「無尾類」と呼ばれるように尾がありません。しかし、トリアドバトラクスには小さいとはいえ、尾がありました。これは、トリアドバトラクスの〝一歩前の段階〟にあたるゲロバトラクスと共通する特徴です。▼関連項目：ゲロバトラクス（126ページ）。

　また、四肢の長さがほぼ等しい、ということも現生のカエルと異なる特徴の一つです。現生のカエルは、後ろあしが極端に長いことが特徴です。この長い脚を使って、ピョンピョンと跳ねて移動します。しかし、トリアドバトラクスは、四肢の長さがほぼ等しいため、現生のカエルのように跳ねて移動することはできなかったとみられています。

　カエル類の進化を追うと、トリアドバトラクス以後、まず尾が消失します。そして、後ろあしが長くなり、遅くても白亜紀には跳ねて移動するようになったとみられています。

ア
カ
サ
タ
ナ
ハ
マ
ヤ
ラ

No.072

[学名の意味]

3本のツノをもつ顔

[学名] *Triceratops*

トリケラトプス

アメリカとカナダに分布する中生代白亜紀後期の地層から化石がみつかっている植物食恐竜（角竜類）です。全長8メートル。後頭部に大きなフリルがあり、両眼の上と、鼻先に合計3本のツノがありました。

成長とともに顕著になる

トリケラトプスは、成長段階がわかっている数少ない恐竜の一つです。学名の由来ともなっている3本のツノは、幼体時から確認することができます。ただし、「ツノ」というよりは「突起」という程度で、太さも長さも鋭さもありません。

亜成体にまで成長すると、ツノが目立つようになります。特に両眼の上にある2本のツノの成長は顕著で、上に向かって反り返ります。

そして成体になると両眼の上のツノは前方に向かって倒れこみ、鼻先のツノも目立つ大きさとなります。

No.073

[学名の意味]

ナジャシュ

[学名] *Najash*

ナジャシュ

アルゼンチンに分布する白亜紀後期の地層から化石がみつかったヘビです。全長2メートルほど。小さな後ろあしをもっていました。

旧約聖書のヘビ

学名の「ナジャシュ」は、ヘブライ語の同名に由来します。ヘブライ語のナジャシュは、旧約聖書に登場する足のあるヘビのことです。

旧約聖書において、ヤハウェ神は土くれからアダムをつくり、アダムの肋骨からイブをつくります。旧約聖書における最初の男と女です。

当初、アダムとイブは、食べ物に困らない楽園で動物たちとともに暮らしていました。楽園の中央にある樹木に実る知恵の実は食べないように、とヤハウェ神はアダムに命じていました。

しかし、ヤハウェ神がつくった動物の中で「最も狡猾（こうかつ）」とされるヘビがイブを唆し、イブはその果実を食べてしまいます。そして、イブは一緒にいたアダムにもそれをすすめ、アダムも食べてしまうのです。

二人が禁断の果実を食べてしまったことに、ヤハウェ神はすぐに気づきました。それまで全裸で暮らしていた二人が、その格好を恥じるようになったからです。ヤハウェ神はまずアダムを問い詰め、アダムはイブにすすめられたといいます。そして、イブを問い詰めると、イブはヘビに騙されたと述べるのです。

アダムとイブの楽園追放に繋がるこの場面で、ヤハウェ神はヘビに向かって「お前はこんなことをしたからには、他のすべての家畜や野の獣よりも呪われる。お前は一生の間腹ばいになって歩き、塵を食わねばならない。（後略）」（『旧約聖書　創世記』：岩波文庫より引用）と告げるのです。

この場面以前で、ヘビには言及されていないので、旧約聖書における〝最初のヘビ〟がどのような姿をしていたのかはわかりません。しかし、「一生の間腹ばいになって歩き」という文句からは、それまでのヘビが腹ばいになっていなかったことが示唆されます。このことから、ヘビにはかつて足があった、とされることがあるようです。

ナジャシュは、そんな〝最初のヘビ〟にちなむ名前ですが、足は後ろあししかありませんし、小さなものです。移動は、腹ばいになるしかなかったでしょう。

ア
カ
サ
タ
ナ
ハ
マ
ヤ
ラ

No.074

［学名の意味］

日本の石＋驚くべき

［学名］*Nipponites mirabilis*

ニッポニテス・ミラビリス

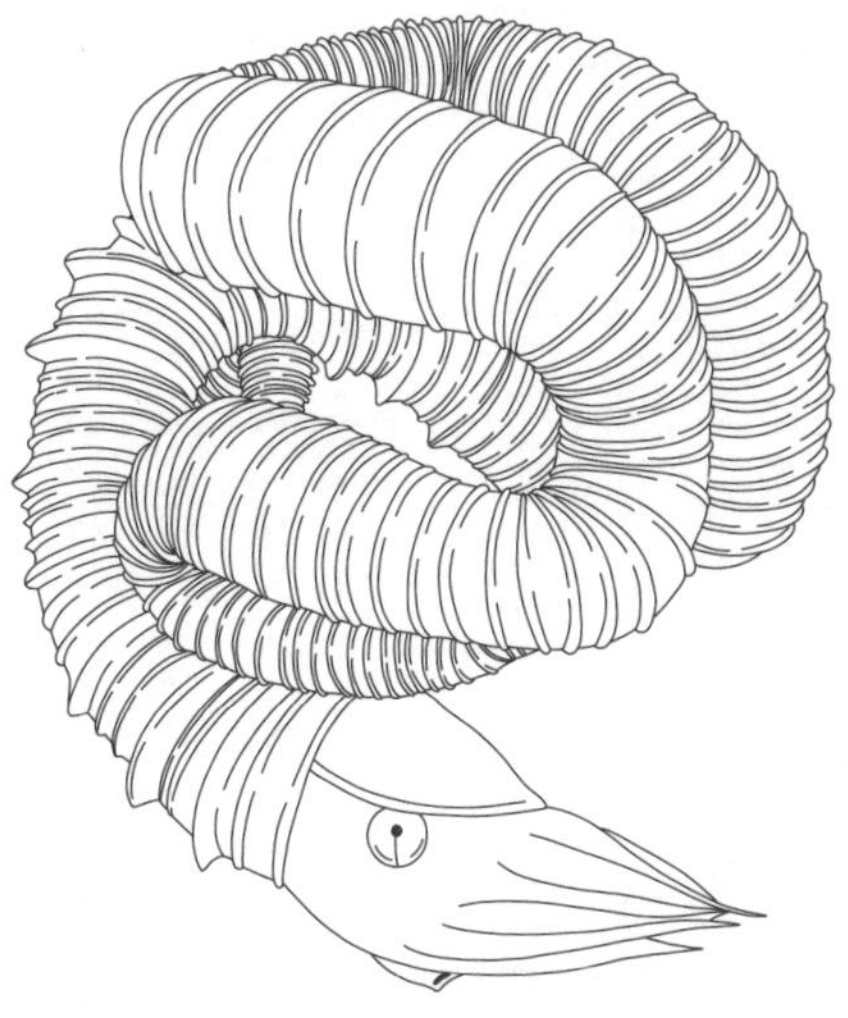

日本の、特に北海道に分布する白亜紀後期の地層から化石がみつかるアンモナイトです。多くはヒトの手のひらに乗るサイズ。その殻は、ヘビが立体的に複雑にとぐろを巻く様に例えられます。日本古生物学会がウェブサイト上で化石の3Dデータを公開しているので、ぜひ、ご覧ください。▶「古生物学会　ニッポニテス3D化石図鑑」で検索、あるいは「http://www.palaeo-soc-japan.jp/3d-ammonoids/」を入力。

日本代表

「ニッポニテス・ミラビリス」の「ミラビリス」は、「驚くべき」という意味です。こちらは、化石を見ていただければ、一目瞭然でしょう。まさに驚くべき姿をしています。ただし、この形には規則性があることがわかっており、こうしたアンモナイトは、「異常巻きアンモナイト」と呼ばれています。けっして、遺伝的な異常や病的な異常が発現したわけではありません。

「ニッポニテス」の「イテス（*ites*）」は、「石」という意味です。つまり、「ニッポニテス」という名前は、「日本の石」あるいは「日本の化石」という意味がこめられています。この独特の姿をもつアンモナイトこそ、〝日本産古生物の代表選手〟なのです。日本古生物学会のシンボルマークにも使われています。およそ日本で古生物に関わる人であれば、誰もが知っている存在といえるでしょう。

命名者は、シノメガロケロス・ヤベイで「ヤベイ」と献じられた矢部長克です。▼関連項目：シノメガロケロス・ヤベイ（152ページ）。

海外の古生物関係者にとっても、ニッポニテスは〝憧れの的〟といえるかもしれません。ニッポニテスをめぐる逸話として有名な話があります。

かつてソヴィエト連邦（当時）の古生物学者が訪日した際に、ニッポニテスの良い標本を譲って欲しいと提案したそうです。そのとき、標本の持ち主は「北方領土と交換ならさしあげる」と答えたとか。そんな逸話が残るほど、憧れの存在なのです。

No.075

[学名の意味]

日本のトカゲ

[学名] *Nipponosaurus*

ニッポノサウルス

ロシアに分布する中生代白亜紀後期の地層から化石が発見されている植物食恐竜です。発見されている化石は1個体分だけ。その全長は2.5メートルほどで、亜成体であるとみられています。

日本初だけど、日本産じゃない

「ニッポノサウルス」は、「日本のトカゲ」という名前が示すように、日本人が最初に研究し、名前をつけた恐竜です。

しかし、その化石が産出した場所は、日本ではなく、ロシアです。

なぜ、ロシアの恐竜に、「ニッポン（日本）」がつけられているのでしょうか？

この背景には、歴史が大きく関わっています。

ニッポノサウルスの化石が発見された場所は、サハリンです。ただし、発見され、命名された１９３６年のサハリン南部は日本領で、「南樺太」と呼ばれていました。

１９３６年は、第二次世界大戦の勃発前です。ただし、第二次大戦に向かって世界中の緊張が高まっていた時期で、日本でも二・二六事件というクーデター未遂事件が発生しています。

もともとサハリン（樺太）は、日露戦争の結果として１９０５年に締結されたポーツマス条約で、その南半分が日本領とされていました。しかし、第二次世界大戦の結果として

1951年に締結されたサンフランシスコ平和条約で日本はその権利を放棄し、サハリンの全島がロシア（当時はソヴィエト連邦）の領土となりました。

そんな時代背景があるために、ニッポノサウルスの化石の産地は、発見・命名されたときは日本領、現在はロシア領となっているのです。

ア
カ
サ
タ
ナ
ハ
マ
ヤ
ラ

No.076

［学名の意味］

泳ぐエビ

［学名］*Nectocaris*

ネクトカリス

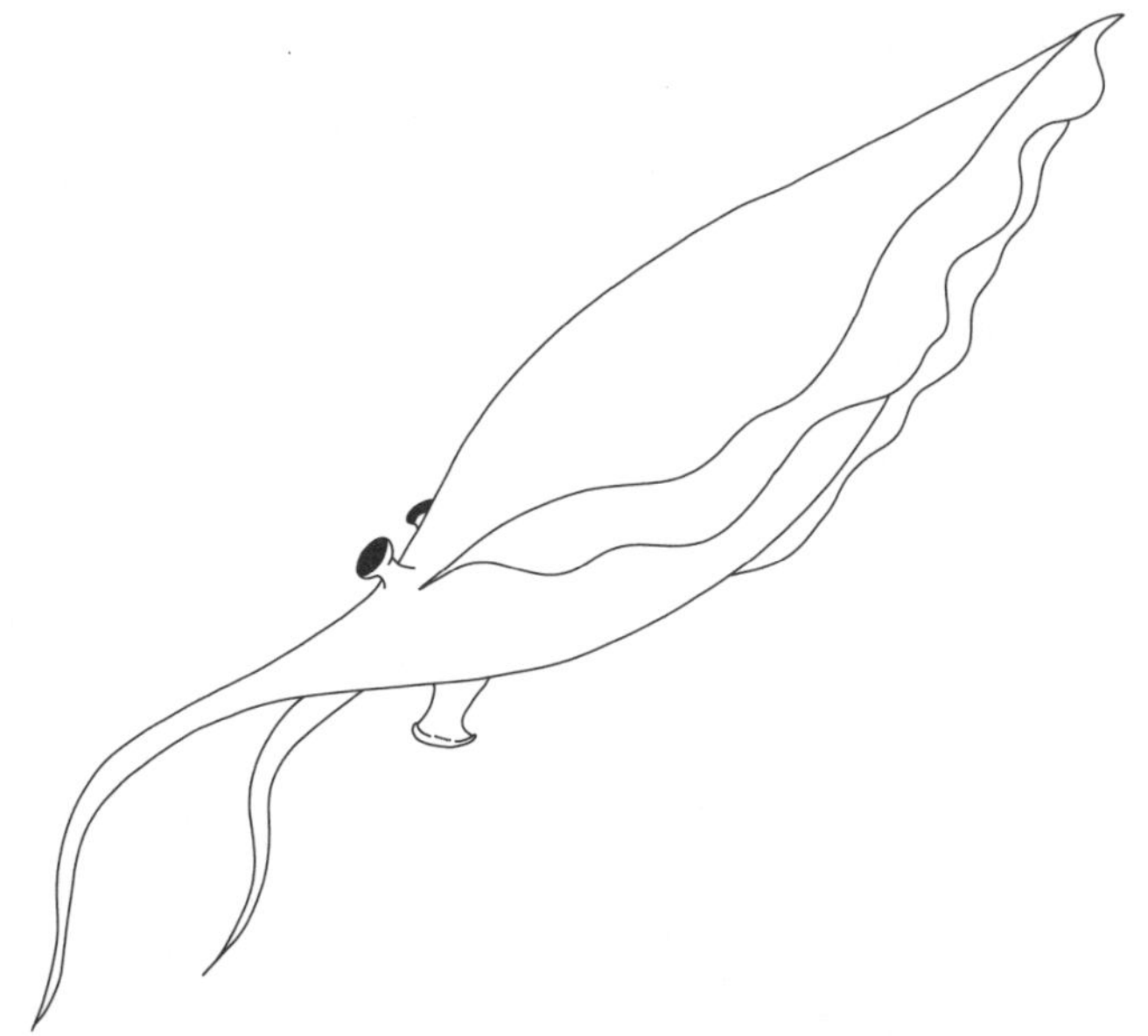

カナダに分布する古生代カンブリア紀の地層から化石が発見された頭足類（軟体動物）です。全長7センチメートルほどで、まるで現生のイカのような姿をしていますが、触手は1対2本しかもっていませんでした。

イカなのにエビ？

ネクトカリスのその姿を見ると、現生のイカに似ています。どこから見ても、学名が意味するようなエビには見えません。

なぜ、この姿に「エビ」を意味する「カリス」が使われているのでしょうか？

ネクトカリスにまつわる最初の研究が発表され、名前がつけられたのは、１９７６年のことです。このとき、ネクトカリスの化石はたった一つしか発見されていませんでした。

そのたった一つの化石をもとに復元された姿は、「からだの前部はほとんど節足動物で、後部は脊索動物」というキメラのようなもの

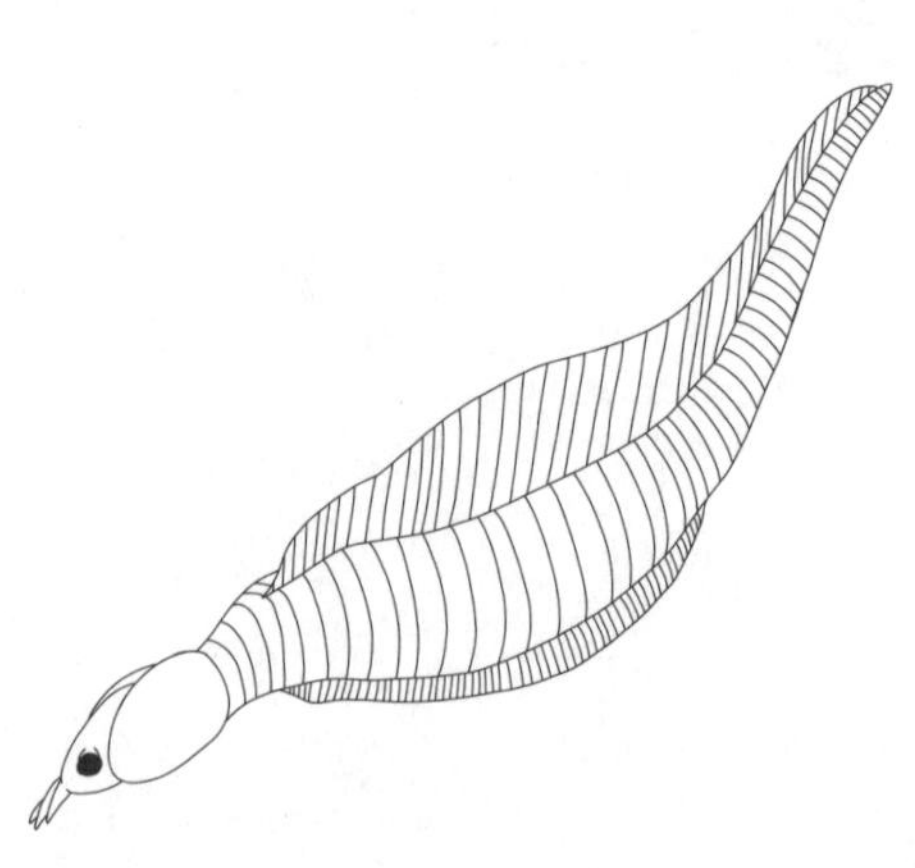

ネクトカリスの旧復元。

です。この節足動物っぽい特徴から、節足動物である「エビ」の名前がつけられたのです。

しかしその後、90点もの新たな化石が発見され、ネクトカリスの再研究が行われました。その結果、１９７６年の化石は部分的なもので、全身が残されたものではないことが明らかになりました。そして、２０１０年になって新たな復元として発表されたものが、イカに似た今日のネクトカリスの姿なのです。

No.077

［学名の意味］

パキスタンのクジラ

［学名］*Pakicetus*

パキケトゥス

パキスタンに分布する新生代古第三紀の地層から化石が発見されたムカシクジラ類です。頭胴長1メートルほどで、現在のクジラに連なるグループの最古の存在とされています。その姿はどことなくオオカミを彷彿とさせます。半陸半水棲だったとみられています。

どこがクジラなの？

パキケトゥスのその姿を見ても、クジラとわからないでしょう。それもそのはず。パキケトゥスがクジラの仲間とされるその最大の理由は、耳の骨にあるからです。

私たち陸で暮らす動物の耳は、空気中の音を聞くことに特化しています。そのため、水中では、音の発生場所や距離などがよくわかりません。

一方、パキケトゥスの耳は水中仕様でした。空気中の音よりも、水中の音の方が、よく聞こえるのです。これこそがクジラ類の特徴です。

悩ましきパキスタン

パキスタンとインドの国境付近に分布する地層からは、クジラの仲間の進化に重要とみられる化石がいくつもみつかっています。インドヒウス、アムブロケトゥスも同じ地域です。この地域は、近年、治安が悪く、化石の発掘調査ができない状況が続いています。クジラの仲間の初期進化をもっと詳しく知るためには、まずは治安の回復と平和が必要なのです。

▼関連項目：アムブロケトゥス（32ページ）、インドヒウス（53ページ）。

アカサタナハマヤラ

No.078

［学名の意味］

厚い頭のトカゲ

［学名］*Pachycephalosaurus*

パキケファロサウルス

アメリカとカナダに分布する白亜紀後期の地層から化石がみつかっている二足歩行の植物食恐竜です。全長は4.5メートルほどでした。

どれくらい「厚い」？

パキケファロサウルスの学名は、ドームのように膨らんだその頭部にちなむものです。頭部の骨の厚さは、実に25センチメートルにもおよびました。ヒトの大人の拳が二つ入るほどの厚さです。この頭部は、成長にともなって厚くなっていたと考えられています。そして、少なくとも成体のパキケファロサウルスの頭部は、みっちりと骨が詰まっていました。

ア
カ
サ
タ
ナ
ハ
マ
ヤ
ラ

No.079

［学名の意味］

棒のような石

［学名］*Baculites*

バキュリテス

世界各地の白亜紀後期の地層から化石がみつかっているアンモナイトです。まっすぐにのびた殻をもっていました。全長30センチメートル。

こう見えてもアンモナイト

「アンモナイト」というと、多くの人が殻が螺旋状に巻き、外側と内側がくっついた姿を思い浮かべるでしょう。そうしたタイプのアンモナイトは「正常巻きアンモナイト」と呼ばれます。

一方、アンモナイトの中には、ちょっと変わった殻をもつものが少なくありません。たとえば、「ヘビが複雑にとぐろを巻いた」と表現されるニッポニテスがその代表例です。こうしたアンモナイトは「異常巻きアンモナイト」と呼ばれています。▼関連項目：ニッポニテス・ミラビリス（201ページ）。

バキュリテスも異常巻きアンモナイトの一つです。ただし、ニッポニテスとは対極にあるようなシンプルな殻でした。その名の通り、「まっすぐな棒」のような殻です。

そもそも異常巻きアンモナイトの「異常」とは、単純に「正常巻きアンモナイトではない」という意味です。それ以上でも以下でもありません。病的な異常、遺伝子の異常、進化の失敗といった意味はないので、ご注意ください。

アカサタナハマヤラ

No.080

［学名の意味］

トカゲの王

［学名］*Basilosaurus*

バシロサウルス

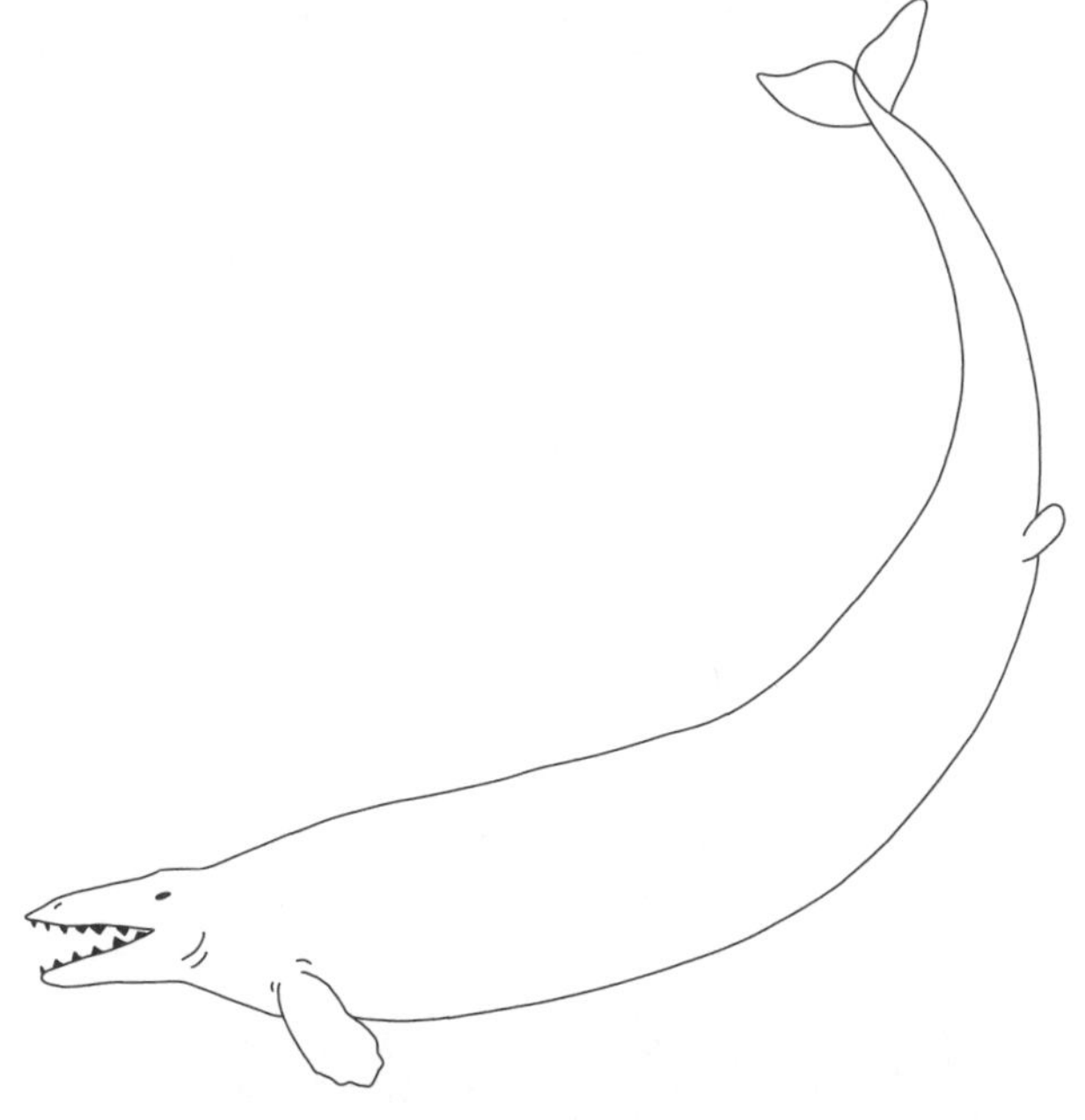

アメリカやエジプトなどに分布する新生代古第三紀の地層から化石がみつかっているムカシクジラ類です。全長20メートルとかなりの大きさでした。現生のクジラ類と比べると、頭部が小さいこと、小さな後ろあしをもっていることなどが特徴です。

哺乳類なのに「サウルス」？

「サウルス」とは爬虫類の学名に使われることの多い言葉です。恐竜類に「サウルス」の学名をもつ種が多い理由は、恐竜類が爬虫類の中の1グループだからです。

一方、バシロサウルスの属するムカシクジラ類は、現生のクジラ類の祖先を含むグループで、哺乳類を構成するグループの一つです。

なぜ、哺乳類なのに「サウルス」が使われているのでしょうか？

それは、この古生物を最初に研究したリチャード・ハーランという研究者が、哺乳類ではなく爬虫類と考えたからです。ハーランは、この古生物を全長30メートル級の巨大な海棲爬虫類と考えて、「トカゲの王」を意味する「バシロサウルス」の名前を与えました。1834年のことです。

もっとも、バシロサウルスが爬虫類ではないということは、実は当初から指摘されていました。それは、バシロサウルスの歯の形が部位によって大きく異なっていたからです。爬虫類の歯であれば、部位が異なったとしてもそれほど大きく形はちがいません。つまり、比較的わかりやすい特徴で、バシロサウルスが哺乳類であることは確かだったのです。

実際、1842年にはリチャード・オーウェンというイギリスの研究者が、バシロサウルスの名前を「ズーグロドン（*Zeuglodon*）」に改めるよう提案しています。「ズーグロドン」とは、「頸木（くびき）のような歯」という意味です。「頸木」とは牛車や馬車などで車を引く牛馬の首の後ろにかける木のことで、バシロサウルスの歯の形状にちなんだものです。

しかし、学名には先取権の原則が存在し、その名前が間違ったものであったとしても、そう簡単には変更できません。そのため、バシロサウルスは哺乳類でありながらも、爬虫類を意味する「サウルス」が使用されたままになっているのです。

No.081

［学名の意味］

羽幌のイカ＋ポセイドン

［学名］*Haboroteuthis poseidon*

ハボロテウティス・ポセイドン

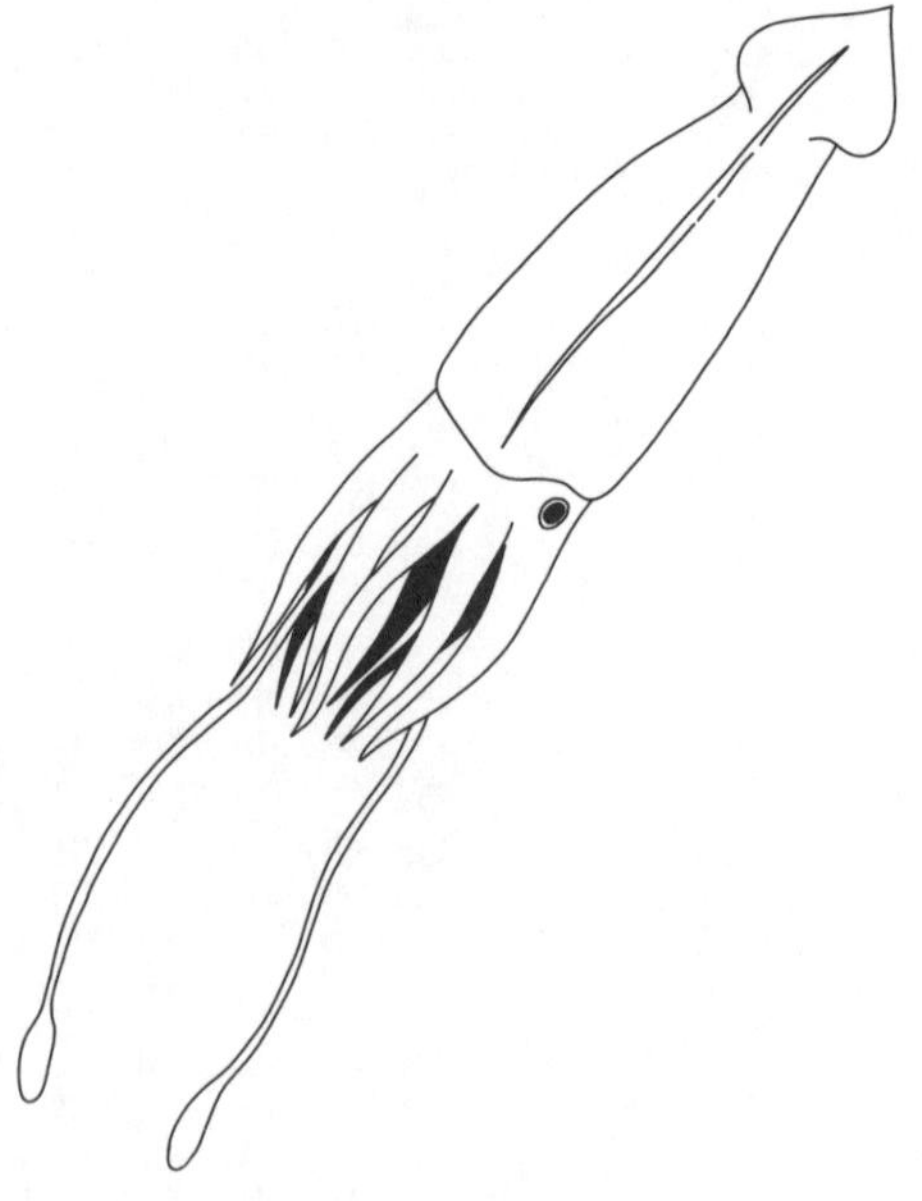

北海道に分布する白亜紀後期の地層から化石がみつかったイカです。発見された部位は下顎だけですが、その下顎から推測される全長は10〜12メートルにおよびました。「ハボロダイオウイカ」の愛称がつけられています。

羽幌町

学名の「ハボロテウティス」と愛称の「ハボロダイオウイカ」の由来となっている「羽幌町」は、北海道北部の日本海側に位置し、沖合に天売島と焼尻島の二つの島を有しています。海産物として、甘エビ、ホタテ、タコ、ウニなどが有名。グリーンアスパラや、ねばりながいもなどもよく知られています。夕日の美しい「サンセットビーチ」も擁する、そんな街です。

日本の古生物関係者の間では、羽幌町は、アンモナイトの化石産地としても有名です。山間に入れば、白亜紀の地層が広く分布しており、川や沢などでその地層が露出しています。その地層からは、多種多様なアンモナイトや、さまざまな海棲動物の化石が産するのです。

ポセイドン

種小名の由来となっているポセイドンは、ギリシア神話における海神です。クロノス神とレアーの間に生まれました。誕生後、父であるクロノスに食べられてしまいますが、のちにゼウスによって救出されます。▼関連項目：クロノサウルス（117ページ）。

ポセイドンはゼウスとは兄弟の関係にあります。ただし、どちらが兄で、どちらが弟であるかは諸説あるようです。

エーゲ海の海底に暮らし、同じく海神であるネーレウスの娘であるアムピトリーテーが妻であり、トリトンをはじめとする多くの子がいます。そして恋多き神でもあり、アムピトリーテーとの間以外にも、多くの子がいることで知られています。

ギリシア神話におけるポセイドンは、全能神であるゼウスと並ぶ知名度をもち、ゼウスに次ぐ地位にあるとされています。

ア
カ
サ
タ
ナ
ハ
マ
ヤ
ラ

No.082

［学名の意味］

古いロクソドン＋ナウマン

［学名］*Palaeoloxodon naumanni*

パラエオロクソドン・ナウマンニ

日本と中国に分布する新生代第四紀の地層から化石がみつかっているゾウ類です。肩高は3メートルほど。額から頭の両側にかけて出っ張りがあることが特徴の一つです。「ナウマンゾウ」の和名でも知られています。

ナウマン博士

「パラエオロクソドン」は「古いロクソドン」という意味です。「ロクソドン」は、現在のアフリカゾウの仲間（*Loxodonta*）にちなむものです。

「ナウマンニ」は日本における近代地質学の構築に大きく貢献したハインリッヒ・エドムント・ナウマンへの献名です。

ナウマンは1854年にザクセン王国（今のドイツ）で生まれ、ミュンヘン大学で学位をとったのちに、地質学者として活躍していた人物です。

19世紀に日本で明治維新が行われると、日本政府は積極的に海外の研究者や技術者を招き、日本人の高等教育を依頼しました。彼らは「お雇い外国人」とも呼ばれています。

ナウマンは、そうした来日外国人の一人です。1875年（明治8年）に来日したのち、1877年に東京帝國大学理学部地質学科の初代教授に就任しました。このとき、ナウマンは22歳です。そして、日本人の地質研究者の育成に力を注ぐとともに、日本の国立地質調査所の設立にも尽力しました。日本列島の地質調査も行って、日本初の地質図も完成させています。

日本の地質構造に「フォッサマグナ」「中央構造線」というものがあります。これらを命名したのもナウマンです。まさしく、日本の近代地質学を語るうえで欠かすことができない人物といえます。

ナウマンゾウは、１８８１年にナウマンによって報告されました。ただし、この段階ではナウマンはこのゾウを新種とは考えていなかったので、「パラエオロクソドン・ナウマンニ」という学名はつけられていません。「ナウマンニ」という名前は、ナウマンの帰国後に、日本人研究者によってつけられたものです。

ナウマンは、１８８５年に帰国し、ミュンヘン大学や鉱山会社などに勤務します。そして、１９２７年に没しました。享年は、72歳でした。

No.083

［学名の意味］

鎖の石

［学名］*Halysites*

ハリシテス

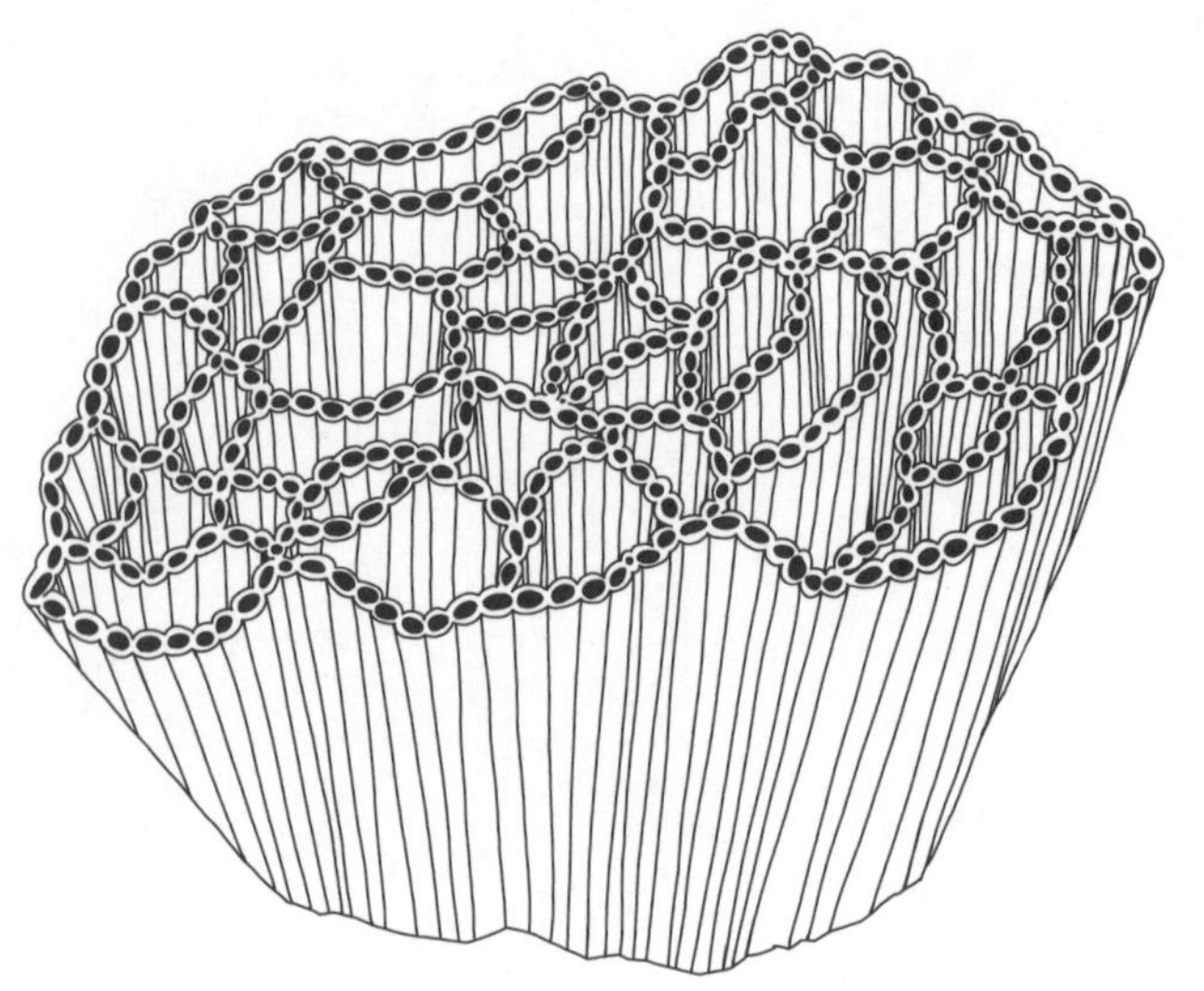

世界各地に分布する古生代オルドビス紀、シルル紀、デボン紀の地層から化石が発見されているサンゴです。現在では見ることのできない床板サンゴ類に分類されます。サンゴをつくる群体の直径が10センチメートルほどでした。

鎖はどこに？

サンゴには、「個虫」と呼ばれる小さな生物の細かな骨格が集まって「群体」をつくるものがいます。ハリシテスの場合、その個々の骨格は細長い管状になっていて、断面は楕円形でした。そして、真上から見たとき、その楕円形がまるで鎖が連なっているかのように見えます。このことが、学名の由来となっています。

No.084

［学名の意味］

幻惑するもの＋稀な

［学名］*Hallucigenia sparsa*

ハルキゲニア・スパルサ

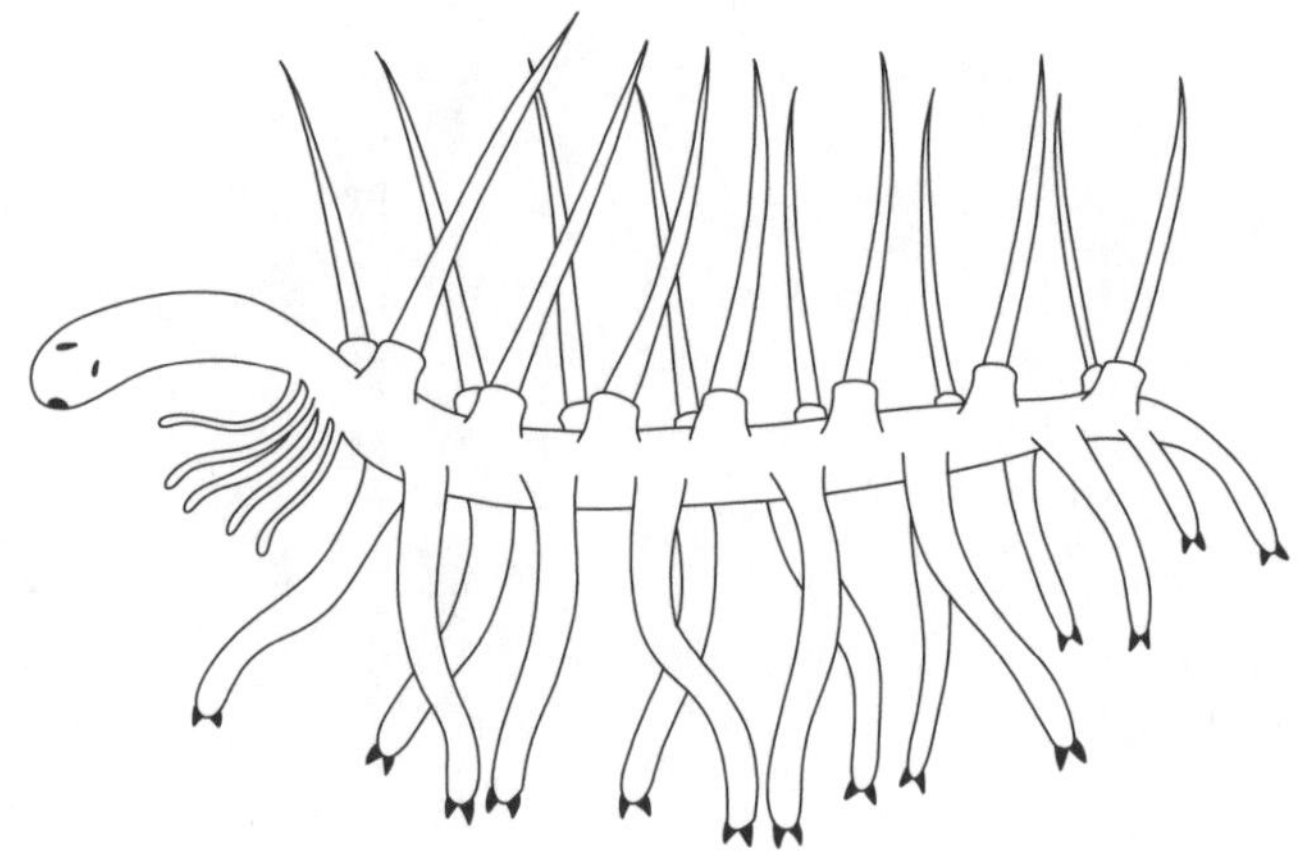

カナダに分布する古生代カンブリア紀の地層から化石が発見された有爪動物（ゆうそうどうぶつ）です。全長3センチメートルほどで、腹側に多数の足をもち、背中にトゲがありました。

惑わされまくりの研究史

1977年、ハルキゲニアの最初の復元図が発表されました。それは「珍妙」そのもの。チューブ状の胴体をもち、そのチューブの一端には「頭部のような膨らみ」がありました。また、チューブの下には「トゲのように鋭い足」が2列14本、背中には「煙突のような構造」が1列になって並んでいました。

もともと「幻惑するもの」を意味する「ハルキゲニア」という名前は、この珍妙な姿に基づくものです。

しかし〝惑わされた〟のは、むしろその後の研究の歴史といえるかもしれません。

1992年になると、「煙突のような構造」は実は1列ではなく2列あり、その先には爪があることがわかったのです。「2列」で「爪」があるということは、これは「足」であるということになり、「トゲのように鋭い足」は実際には「トゲ」であることが示されました。また、「頭部のような膨らみ」も頭部ではなく、化石化の直前に染み出た体液の痕跡であることもわかりました。

1977年の復元は実は上下が逆だったことが判明したのです。ただし、この段階では「上下」は確定していても「前後」は不明でした。

2015年、チューブ状のからだの一端に眼と口と歯が確認されました。最初の復元図の発表から38年の歳月を経て、ようやく「前後」が定まったのです。

……さあ、果たして、これでハルキゲニアの復元図は確定となるのでしょうか。

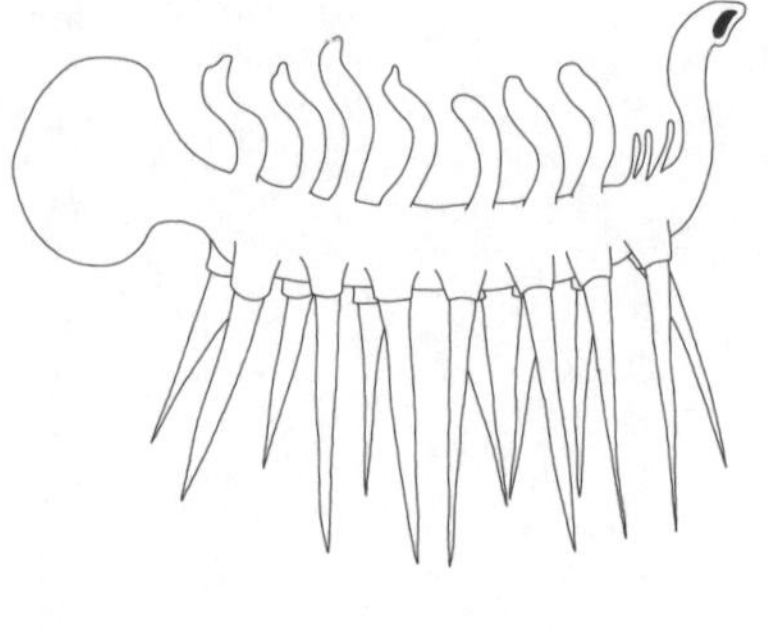

1977年の復元。

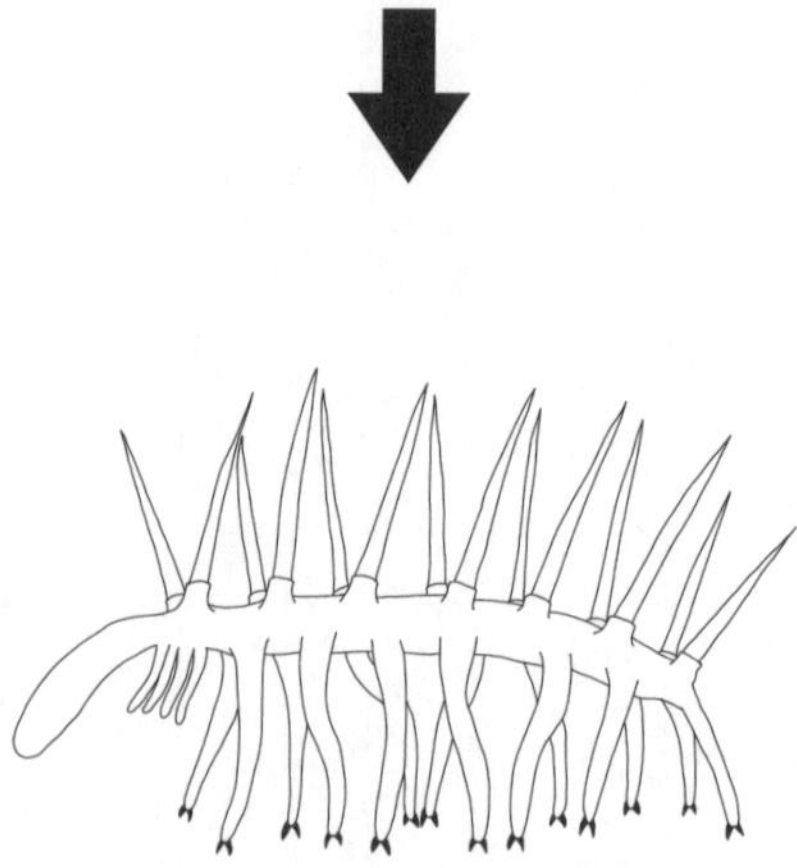

1992年の復元。

アカサタナハマヤラ

No.085

［学名の意味］

太古の難問

［学名］*Paleoparadoxia*

パレオパラドキシア

日本やアメリカ、メキシコなどに分布する新生代新第三紀の地層から化石がみつかっている哺乳類です。全長は2～3メートルほど。

やっぱり謎グループ

パレオパラドキシアは、アショロアやデスモスチルスと同じ束柱類の一員です。その臼歯は柱状ですが、デスモスチルスよりはエナメル質が薄く、また〝束になりかけている〟といえる状態でした。アショロアやデスモスチルスがそうであるように、パレオパラドキシアに関してもその生態などは謎につつまれています。まさに、「太古の難問」なのです。

▼関連項目：アショロア（19ページ）、デスモスチルス（185ページ）。

No.086

［学名の意味］

洞窟のヒョウ

［学名］*Panthera spelaea*

パンセラ・スペラエア

ユーラシア大陸北部に点在する多くの洞窟から化石がみつかるネコ類です。新生代第四紀に生きていました。頭胴長2.7メートルで、その姿は現生の雌ライオンとよく似ています。「ホラアナライオン」とも呼ばれています。

壁画に残された姿

「パンセラ・スペラエア」は、「ホラアナグマ」こと「ウルスス・スペラエウス」と同じように、洞窟から化石がみつかる絶滅哺乳類です。▼関連項目：ウルスス・スペラエウス（59ページ）。

パンセラ・スペラエアは、生きていた時代、生きていた場所がともにかつての人類と重なるため、その姿がフランスのラスコー洞窟の壁画に残っています。壁画には少なくない数のパンセラ・スペラエアとみられる動物が描かれていますが、そのいずれにも「鬣（たてがみ）」がありません。このことから、パンセラ・スペラエアには鬣がなかったのではないか、と考えられています。

No.087

［学名の意味］

すべてが忌々しい＋ウィッティントン

［学名］*Pambdelurion whittingtoni*

パンブデルリオン・ウィッティントンアイ

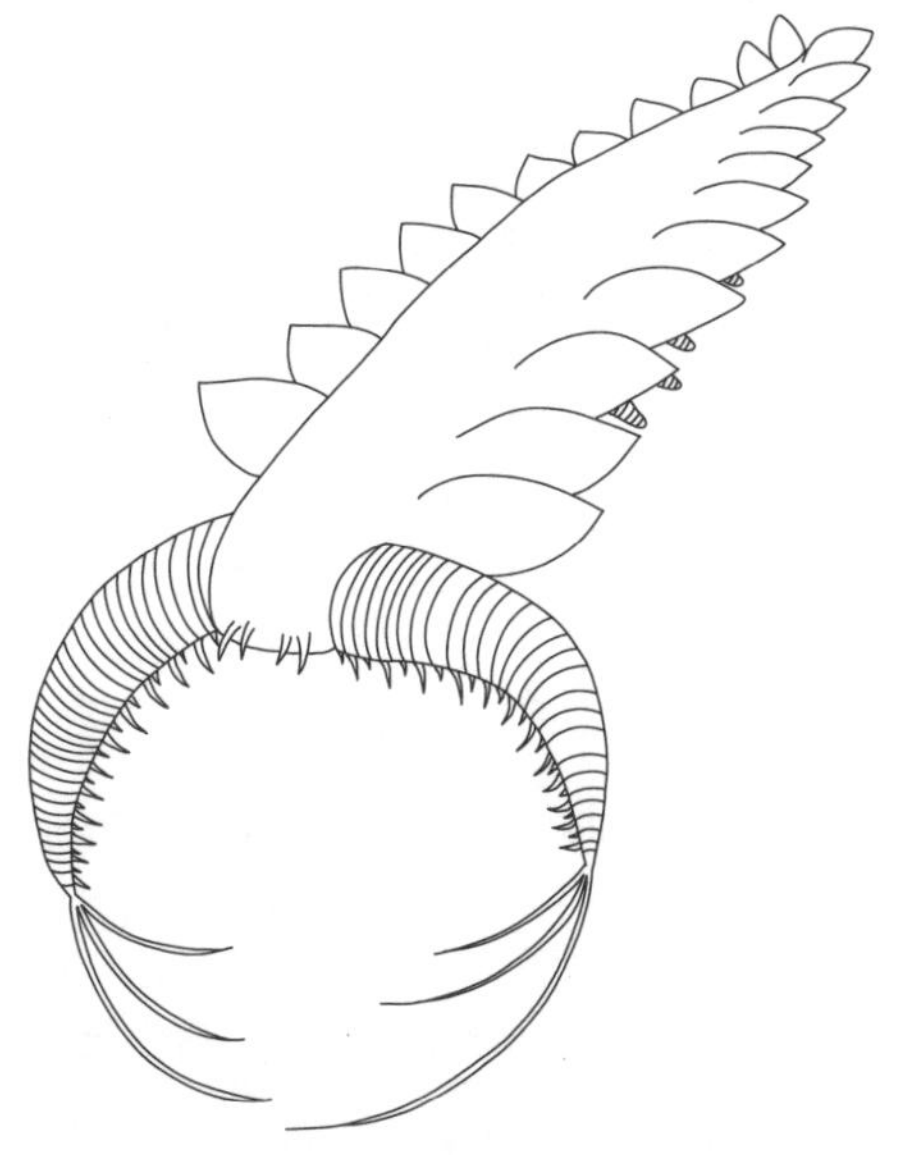

グリーンランドに分布する古生代カンブリア紀の地層から化石が発見されている無脊椎動物です。全長は55センチメートルほどで、頭部からのびる2本の大きな“触手”と、からだの脇に並ぶひれが特徴です。

物騒な名前

「パンブデルリオン」には、「すべてが忌々しい」、あるいは、「すべてが嫌」という意味があります。なんとも物騒というか、不思議な名前です。

この動物の化石がみつかったとき、分類さえ定かではありませんでした。そんな不確かさに〝敬意〟を示して名付けられた名前が「パンブデルリオン」なのです。

現在では、パンブデルリオンは「アノマロカリスの仲間に近縁で、少し原始的な存在」と位置付けられています。▼関連項目：アノマロカリス・カナデンシス（24ページ）。

ウィッティントン

種小名は、20世紀に活躍したイギリスの古生物学者、ハリー・B・ウィッティントンの生誕80年を記念しての献名です。

ウィッティントンは、１９１６年にイギリスで生まれ、バーミンガム大学で博士号を取得しました。専門は古生代の古生物で、特に三葉虫類と腕足動物を専門としていました。

彼の人生において大きな転機となったのは、１９６６年にはじまったカナダのバージェス頁岩の再調査です。バージェス頁岩は、20世紀はじめにアメリカの古生物学者、チャールズ・ウォルコットによって発見、発掘されていましたが、その後の研究は停滞していました。カナダの地質調査所は、この再調査に際してアメリカのハーバード大学で教鞭をとっていたウィッティントンを招聘したのです。

ウィッティントンは、この再調査で多くの新標本を採集することに成功します。この間、彼は所属をハーバード大学からイギリスのケンブリッジ大学へと移し、彼の研究室の学生を率いて、バージェス頁岩から産した化石の研究を進めました。「ケンブリッジプロジェクト」と呼ばれるこの一連の研究によって、カンブリア紀の動物たちの姿が明らかにされました。今日知られるカンブリア紀の動物たちの姿は、ケンブリッジプロジェクトの成果によるところが大きくあります。

彼の教え子には、多くの優れた古生物学者がいます。古生物学の研究史に大きな足跡を残したウィッティントンは、２０１０年に亡くなりました。享年94歳でした。

No.088

［学名の意味］

小さなウマ

［学名］*Hipparion*

ヒッパリオン

世界各地に分布する新生代新第三紀と第四紀の地層から化石がみつかっているウマ類です。前後の足に指が3本ずつあるため、「三指馬」とも呼ばれています。

どのくらい小さいのか

「小さなウマ」にちなむ学名の「ヒッパリオン」のサイズは、肩高150センチメートルほどでした。150センチメートルといえば、現在のポニー（大きめの個体）とほぼ同じサイズです。厚生労働省がまとめたデータによると、現代日本人において「150センチメートル」という高さは、12歳の平均身長（男女とも）と同じくらいです。

現代のウマでは、いわゆるサラブレッドと呼ばれる品種が肩高160センチメートルほどなので、ヒッパリオンはそうしたウマと比べると一回り小さいといえます。ただし、ウマ類の進化では特段に小さいというわけではなく、かつてのウマ類には、もっと小さいウマもいたことがわかっています。▼関連項目：エオヒップス（64ページ）。

No.089

［学名の意味］

森に棲むもの

［学名］*Hylonomus*

ヒロノムス

カナダに分布する古生代石炭紀の地層から化石がみつかっている爬虫類（はちゅうるい）です。全長30センチメートルほどで、現生のトカゲのような姿をしていました。

森に棲み始めた脊椎動物

生命の歴史を振り返ると、脊椎動物の歴史は古生代カンブリア紀に魚としてはじまり、デボン紀に四肢を獲得し、陸上世界へと進出しました。しかし上陸当初の脊椎動物は、その卵が乾燥に弱く、水辺を離れることができませんでした。

石炭紀になると、脊椎動物の中に乾燥に強い卵を産むものたちが出現し、その生活圏を内陸へと拡大していきます。彼らは「有羊膜類」と呼ばれるものたちで、現生の爬虫類、鳥類、哺乳類の祖先にあたります。ヒロノムスはこうした有羊膜類の中で、最も初期の種類です。

ヒロノムスは、その名が示すように、森に暮らしていました。その化石がシギラリアという シダ植物の中から発見されていることが何よりの証拠です。当時、ヒロノムスの生きていた森には、シギラリアのほか、レピドデンドロンなども茂っていました。陸上脊椎動物の台頭は、石炭紀の森からはじまったのです。

▼関連項目：シギラリア（143ページ）、レピドデンドロン（319ページ）。

No.090

［学名の意味］

レンズマメのような眼

［学名］*Phacops*

ファコプス

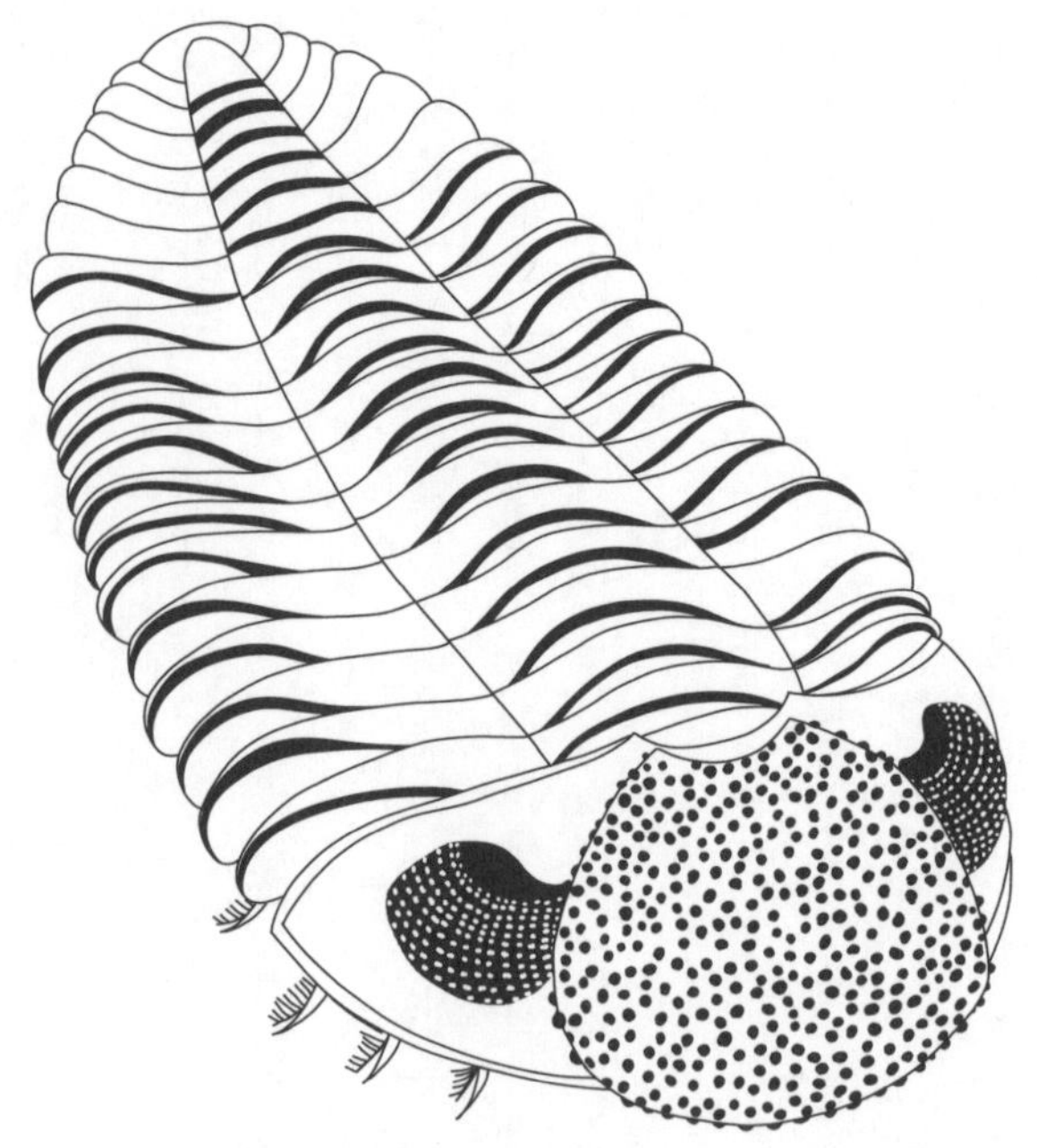

世界各地に分布する古生代デボン紀の地層から化石がみつかっている三葉虫類です。全長は10センチメートル弱。トゲやツノなどはもっていません。

アカサタナハマヤラ

三葉虫の「眼」は、3タイプ

ファコプスの学名の由来となったレンズマメは、直径数ミリメートル〜1センチメートル弱の円形の豆です。さすがに、ファコプスの複眼を構成する個々のレンズは、実際のレンズマメほどの大きさがあるわけではありませんが、それでも肉眼で確認できるほどの大きなレンズをもっていました。

ファコプスに限らず、三葉虫類の眼は化石によく残っています。多くの動物にとって、「眼」といえば軟組織の代表のような存在です。軟組織は死後に分解されやすいので、化石として残ることは稀(まれ)です。しかし三葉虫類の眼は外殻と同じ硬組織でできているため、化石に残りやすいのです。

そんな三葉虫類の眼は、大きく3タイプに分けることができます。

一つは、ファコプスの眼のように、肉眼で個々のレンズを容易に確認できるほど、レンズが大きなタイプです。

二つ目のタイプは、肉眼で見ることが困難なほど小さなレンズがびっしりと並んだ複眼です。このタイプのレンズを観察するためには、ルーペなどが必要です。現生のエビやカニも同じタイプの複眼をもっています。

三つ目は、先の二つの中間型ともいえます。多くの場合で、個々のレンズを肉眼でみることはできますが、ファコプスの眼のレンズのように大きくはないため、じっくりと観察するためにはルーペがあった方が便利です。

これらの眼のタイプは、三葉虫類のグループによって異なっています。研究者は、こうした眼の化石を調べることで、三葉虫類の視界や生態などを解き明かそうとしています。

ア
カ
サ
タ
ナ
ハ
マ
ヤ
ラ

No.091

［学名の意味］

福井の翼＋原始的

［学名］*Fukuipteryx prima*

フクイプテリクス・プリマ

福井県に分布する中生代白亜紀前期の地層から化石が発見された鳥類です。ハトほどのサイズでした。

「プリマ」が意味するもの

福井県産であることが、その名前からよくわかる鳥類です。▼関連項目：フクイラプトル・キタダニエンシス（247ページ）。

さらに、始祖鳥などと共通する「翼（プテリクス）」も属名に含まれています。▼関連項目：アーケオプテリクス・リソグラフィカ（10ページ）。

フクイプテリクス・プリマの「プリマ」は、原始的を意味する「プリミティヴ（primitive）」という単語にちなんでいます。この鳥類には、尾の部分などに原始的な特徴が確認できたためです。2019年に本種を報告した論文では、始祖鳥に次ぐ原始的な鳥類に位置付けられています。

アカサタナハマヤラ

No.092

［学名の意味］

福井の略奪者＋北谷

［学名］*Fukuiraptor kitadaniensis*

フクイラプトル・キタダニエンシス

福井県に分布する中生代白亜紀前期の地層から化石が発見された肉食恐竜です。全長は、4.2メートルほどでした。

恐竜王国の〝はじまり〟

福井県といえば、今日では「恐竜王国」として有名です。日本で最も多くの恐竜復元骨格を展示する福井県立恐竜博物館を擁し、日本で最も多くの恐竜化石を産する県です。

〝王国〟のはじまりは、1982年に石川県白峰村（現・白山市）で、恐竜の歯化石が1本発見されたことです。この発見から、隣接する福井県勝山市でも恐竜化石がみつかるのではないか、と調査されることになり、この調査で新たな恐竜の歯化石が発見されます。

この発見を受けて、1989年から福井県は大規模発掘調査を実施。多くの恐竜化石を発見、発掘することに成功しました。発掘調査は、現在でも断続的に進められています。福井県で発見された恐竜の多くは、「フクイ○○○」と「福井」を冠するものが多くあります。

▼関連項目：フクイプテリクス・プリマ（245ページ）。

フクイラプトルは、そうした学名をもつ恐竜として最初に名付けられた恐竜であり、日本産の肉食恐竜として初めて骨格復元に成功した種類でもあります。ちなみに「キタダニエンシス」の「北谷」は、発見地である勝山市北谷町にちなみます。

アカサタナハマヤラ

No.093

［学名の意味］

双葉層群のトカゲ＋鈴木

［学名］*Futabasaurus suzukii*

フタバサウルス・スズキイ

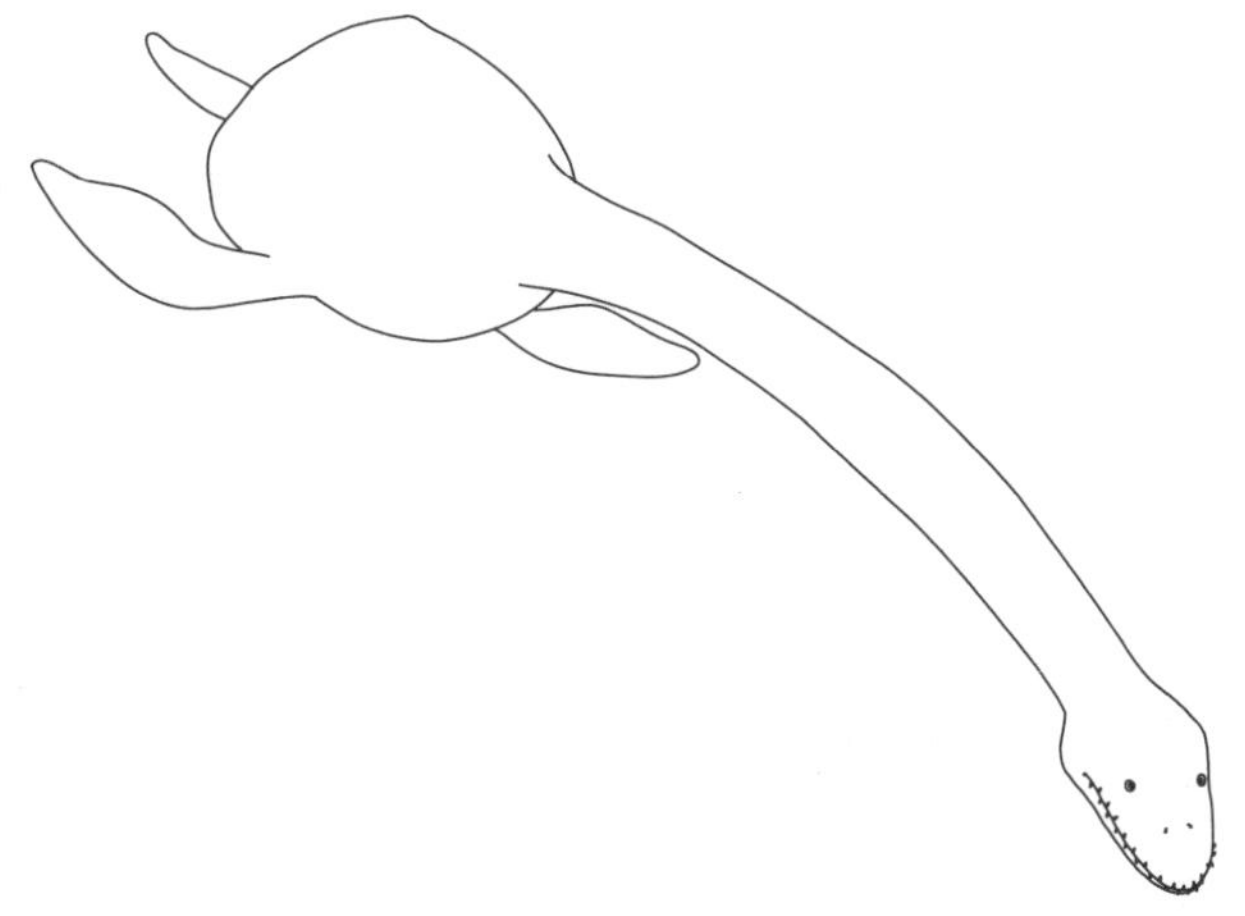

福島県に分布する中生代白亜紀後期の地層から化石が発見されたクビナガリュウ類です。全長は、6.4〜9.2メートルほどとされています。「フタバスズキリュウ」の和名でも知られています。日本を代表する古生物の一つです。

フタバスズキリュウ

「フタバサウルス・スズキイ」の「フタバ」は、発見された地層である双葉層群に由来し、種小名の「スズキイ」は発見者である鈴木直への献名です。

フタバスズキリュウの化石は、1968年に福島県の大久川に露出していた地層から、高校生だった鈴木によって発見されました。鈴木が発見した化石は脊椎骨が3個。鈴木はその旨を書いた手紙を国立科学博物館へと送ります。

手紙を受け取った国立科学博物館の研究者は、鈴木のもとを訪ね、その化石をクビナガリュウ類のものであると特定。大規模な発掘によってその骨格を採集することに成功しました。ちなみに、「クビナガリュウ類」という言葉は、フタバスズキリュウの普及・啓蒙のために考え出された言葉です。▼関連項目：プレシオサウルス（262ページ）。

当初、フタバスズキリュウには、「ウエルスサウルス・スズキイ（*Wellesisaurus suzukii*）」という学名が与えられる予定でした。「ウエルス」は、研究初期に多大な協力をしたクビナガリュウ類研究の世界的な第一人者、サミュウェル・ウェルズへの献名です。

しかし、正式に学名が発表されるよりも前にこの名が公表されたため、命名規約によって、「ウエルスサウルス・スズキイ」は無効名となってしまいました。

その後、さらに研究が進められ、２００６年になって現在の学名がつけられました。

No.094

［学名の意味］

歯のない翼

［学名］*Pteranodon*

プテラノドン

アメリカに分布する中生代白亜紀後期の地層から化石が発見された翼竜類です。翼開長(よくかいちょう)は、最大で7.25メートルにも達しました。後頭部に大きなトサカがあります。

翼竜類の分類

翼竜類は、大きく二つに分けることができます。「頭が小さくて尾が長いグループ」と「頭が大きくて尾が短いグループ」です。

このうち、「頭が小さくて尾が長いグループ」の口には歯が並んでいます。一方、「頭が大きくて尾が短いグループ」には、歯があるものと、歯がないものがいます。プテラノドンは後者です。大型の翼竜類には歯がないものが多くいました。▼関連項目：クテノカスマ（115ページ）、ケツァルコアトルス（124ページ）。

No.095

［学名の意味］

翼をもつ魚

［学名］*Pterygotus*

プテリゴトゥス

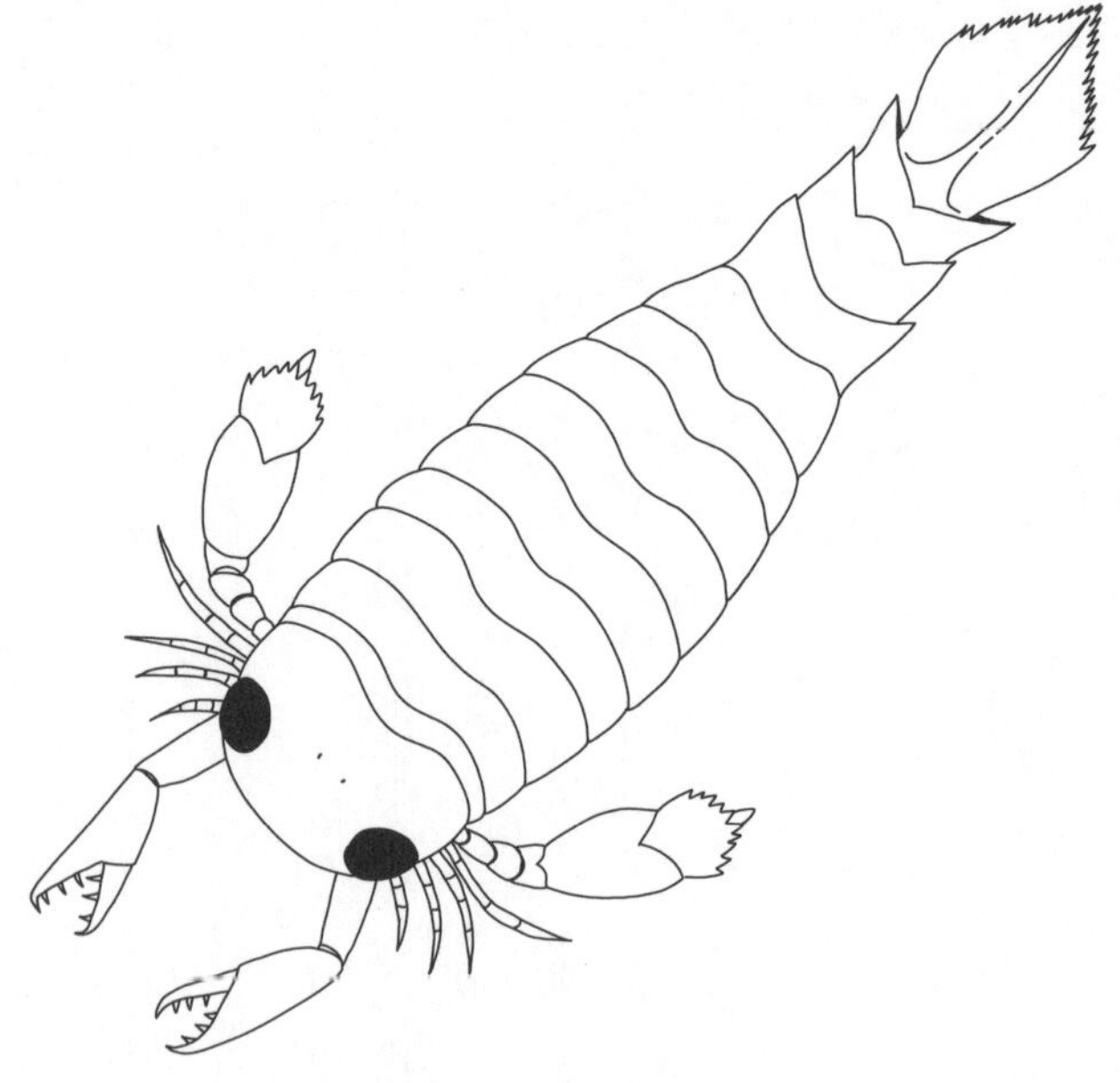

世界各地にある古生代シルル紀〜デボン紀の地層から化石がみつかるウミサソリ類です。このグループ名が示すように、海棲種（かいせいしゅ）です。そしてサソリ類に似た姿をしていました。全長は60センチメートルほど。頭部の背側面積の4分の1を占める二つの大きな複眼がトレードマークです。

ウミサソリ類の「翼」

ウミサソリ類は海棲種ですが、翼に似たつくりを足の先端にもっています。ウミサソリ類には6対12本の足（付属肢）があります。第1付属肢は、ハサミのようなつくりになっています。第2～第5の付属肢は種によって形状が異なります。多くの場合で、海底を歩くためのものとみられています。そして第6付属肢は、その先端が平たく、幅広くなっています。この第6付属肢の先端が、ウミサソリ類の〝翼〟です。▼関連項目：ユーリプテルス（306ページ）。

ウミサソリ類の〝翼〟は、必ずしもすべての種がもっているわけではなく、〝翼〟をもつ種も形状や大きさが種によって異なります。その中で、プテリゴトゥスの〝翼〟は比較的大きめでした。

この〝翼〟を上手に使うことで、多くのウミサソリ類は海を泳ぎ回っていたと考えられています。

No.096

［学名の意味］

曲がったツノ＋S字

［学名］*Pravitoceras sigmoidale*

プラヴィトセラス・シグモイダレ

日本の白亜紀後期の地層から化石がみつかっているアンモナイトです。中心部の小さな殻は塔状に巻き、その後は内外の殻がぴったりとくっついて平面螺旋状に巻いたのち、最外殻はアルファベットの「S」の字のように巻いて、途中から内側の殻からはずれるという独特の形状をもっています。淡路島などの西日本で多産します。大きさは、長径25センチメートル前後。

西のプラヴィト

プラヴィトセラス・シグモイダレは日本固有の種です。いわゆる「異常巻きアンモナイト」の一つです。ニッポニテスなどと比べると、その名前からは〝日本感〟が薄いように思えるかもしれませんが、その名前は属名、種小名ともにこのアンモナイトの特徴を的確に表しているといえます。ちなみに、命名者はニッポニテスと同じ矢部長克です。▼関連項目：シノメガロケロス・ヤベイ（152ページ）。

プラヴィトセラス・シグモイダレもまた、一度見たらそう簡単に忘れそうもない姿をしています。化石愛好家の中でも好まれる種の一つで、「北のニッポ、西のプラヴィト」と呼ばれることもあります。日本産の異常巻きアンモナイトとして、ニッポニテスと並ぶ、「双璧」ともいえる存在なのです。▼関連項目：ニッポニテス・ミラビリス（201ページ）。

No.097

［学名の意味］

板のような歯

［学名］*Placodus*

プラコダス

ドイツ、イスラエル、イタリアなど地中海周辺地域を中心に化石がみつかっている三畳紀の海棲爬虫類です。四肢をもち、胴体はでっぷりと膨らんでいました。全長は1.5メートルほど。

独特の歯

プラコダスとその仲間の特徴は、前歯以外の歯が板状になっていることです。もちろん、この歯の形が学名の由来です。もっとも、現代日本で暮らす私たちにとっては、「板状」というよりも「まんじゅうをつぶしたような形の歯」と表現した方が想像しやすいかもしれません。

この独特の歯は、海底の腕足動物や二枚貝類などの殻をすりつぶすことに役立っていたのではないか、と考えられています。

No.098

［学名の意味］

大きなトカゲ

［学名］*Pliosaurus*

プリオサウルス

世界各地にある中生代ジュラ紀の地層、白亜紀の地層から化石がみつかっているクビナガリュウ類です。全長は13メートルほどでした。

大きな頭

プリオサウルスは、クビナガリュウ類に属します。しかし、首は長くありません。「長い（大きい）」のは頭部です。全長の3分の1にせまるかという大きさがありました。単純に長いだけではなく、横幅もあり、がっしりとしたつくりです。そして、口には太い歯が並んでいました。明らかに、〝海の覇者〟といえる面構えをしていました。

クビナガリュウ類には、プリオサウルスのように〝首の短いクビナガリュウ〟もたくさんいました。「クビナガリュウ類」という名称と矛盾するように見える存在たちです。しかし、「クビナガリュウ類」に相当するそもそも原語の「Plesiosauria」には、「首」という意味はないのです。

▼関連項目：プレシオサウルス（262ページ）。

No.099

［学名の意味］

トカゲに近い

［学名］*Plesiosaurus*

プレシオサウルス

イギリスをはじめ、世界各地の中生代ジュラ紀と白亜紀の地層から化石がみつかっているクビナガリュウ類です。全長は3メートルほどでした。

クビナガリュウなのに、由来はトカゲ？

プレシオサウルスは、クビナガリュウ類です。トカゲ類とは異なるグループに属しています。しかし、学名は「トカゲに近い」という意味です。

命名当初、引き合いに出されたのは、魚竜類でした。最初に発見されたプレシオサウルスの化石は、海棲爬虫類のものであるとわかったものの、すでに知られていた魚竜類のものではないことは明らかでした。魚竜類よりは、むしろ有鱗類（トカゲの仲間。当時はワニ類も含む）に近いと判断され、「トカゲに近い」という意味の学名が与えられたのです。

なお、魚竜類とは、現生のマグロなどに似た姿の海棲爬虫類グループで、本書ではオフタルモサウルスを紹介しています。▼関連項目：オフタルモサウルス（83ページ）。

グループ名になったけれど……

クビナガリュウ類は、アルファベットで「Plesiosauria」と書きます。プレシオサウルスにちなむグループ名です。「プレシオサウルス」の意味が「トカゲに近い」ですから、「Plesiosauria」にも「首が長い」という意味はありません。

日本では、かねてより「Plesiosauria」の訳語として、「蛇頸竜類（だけいりゅうるい）」や「長頸竜類（ちょうけいりゅうるい）」が使われていました。首の長さが注目されていたのです。ただし、このグループにはプリオサウルスのように首の短い種も含まれています。▼関連項目：プリオサウルス（260ページ）。

現在の日本で「Plesiosauria」の訳語として最も使われている「クビナガリュウ類」という言葉がつくられ、普及していくのは、フタバスズキリュウの発見がきっかけです。▼関連項目：フタバサウルス・スズキイ（249ページ）。

なお、クビナガリュウ類はしばしば恐竜類と間違えられますが、まったく別のグループです。近縁でもありません。

No.100

［学名の意味］

コンスルの前

［学名］*Proconsul*

プロコンスル

ケニアに分布する新生代新第三紀の地層から化石が発見されている霊長類です。肩高45センチメートルほどで、尾をもっていませんでした。類人猿や人類を含むグループの最古級とされるものの一つです。

チンパンジー「コンスル」

名前の由来となっている「コンスル」は、19世紀のイギリス、マンチェスター動物園で愛されていたチンパンジーの名前です。ヒトの真似がうまく、顔や手を洗い、外出時には帽子をかぶり、パイプやタバコを愛用していました。

プロコンスル自体は、チンパンジー（類人猿）ではありませんが、その名はこのチンパンジーにちなんでつけられたものです。

ア
カ
サ
タ
ナ
ハ
マ
ヤ
ラ

No.101

［学名の意味］

ワニの前

［学名］*Protosuchus*

プロトスクス

アメリカ、南アフリカなどの中生代ジュラ紀の地層から化石がみつかっているワニ形類（ワニ類とその近縁を含むグループ）です。全長は1メートルほどでした。

ワニ類への進化

現生のワニ類の祖先を遡っていくと、中生代三畳紀に栄えた「偽鰐類」にたどり着きます。偽鰐類は、「偽」という文字を使っていますが、当時のこのグループにワニ類の祖先が含まれています。

偽鰐類の多くは三畳紀末までに滅び、唯一、「ワニ型類」というグループだけが生き残りました。そして、やがてワニ型類の中に「ワニ形類」が出現します。そして、のちにワニ形類の中に、「ワニ類」が登場したのです。

プロトスクスは、初期のワニ形類の代表的な存在です。その姿は、私たちが目にするワニ類とは多くのちがいがありました。

一見して気づくのは、脚のつき方でしょう。ワニ類の脚はからだの側方へとのびていますが、プロトスクスの脚はからだの下へまっすぐのびているのです。この脚のつき方は、哺乳類や恐竜類と同じです。

また、背中の鱗板骨の列が少ないことも特徴の一つです。現在のワニ類の背中には、鱗板骨が6列になって並んでいます。しかし、プロトスクスにはこれが2列しかありませんでした。

ワニ類は、プロトスクスのような動物からスタートし、脚を側方へのばし、そして背中の鱗板骨の列を増やし、現在のよく知られる姿へと進化していったと考えられています。

No.102

［学名の意味］

泳ぐ翼

［学名］*Plotopterum*

プロトプテルム

日本とアメリカにある新生代古第三紀、新第三紀の地層から化石がみつかっている鳥類です。身長2メートルほどで、「ペンギンもどき」と呼ばれる海鳥の仲間です。

ペンギンもどき

プロトプテルムは、「プロトプテルム類」と呼ばれるグループの代表種です。プロトプテルム類は、「ペンギンもどき」と呼ばれます。実際、ペンギンと同じように、空を飛ばず、海を泳ぐ鳥類だったとみられています。ただし、その姿は、現生のペンギン類よりも全体的に細身でした。

ペンギン類が南半球で栄えたことに対し、プロトプテルム類は北半球で栄えました。日本やアメリカの太平洋沿岸地域からその化石がみつかっています。

プロトプテルム類は530万年前までに絶滅しました。その背景には、クジラ類などの海棲(かいせい)哺乳類の台頭があったのではないか、と考えられています。餌や生息地をめぐる競争などで、プロトプテルム類はクジラ類に敗れたのではないか、というわけです。

No.103

［学名の意味］

雷のトカゲ

［学名］*Brontosaurus*

ブロントサウルス

アメリカに分布する中生代ジュラ紀後期の地層から化石がみつかっている植物食恐竜で、竜脚類というグループに分類されています。小さな頭、長い首、太い胴体に柱のような四肢、そして長い尾という、竜脚類として典型的ともいえる姿をしていました。

消えたか、復活か

ブロントサウルスは、1980年代くらいまでに出版された恐竜図鑑には必ずといって良いほど掲載されていた恐竜です。「ブロント」には「雷」という意味があるため、日本語で「カミナリ竜」とも呼ばれていました。その巨体の足音が雷のように聞こえそうというイメージが、ぴったりとあう、そんな名前です。

しかし現在では、ブロントサウルスの名前は使われていません。研究の結果、ブロントサウルスは、アパトサウルスと同種であると指摘されたためです。この場合、1877年に命名されたアパトサウルスの方が、1879年に命名されたブロントサウルスよりも名前の優先権をもっています（先取権の原則）。そのため、ブロントサウルスの名前は、事実上〝消失〟し、ブロントサウルスと呼ばれていた恐竜は、アパトサウルスに統合されました。

ただし、やはりアパトサウルスとブロントサウルスは別種ではないか、と指摘する研究が2015年に発表されています。今後、アパトサウルスからブロントサウルスが〝再独立〟する機会があるかどうか、注目されています。▼関連項目：アパトサウルス（30ページ）。

ア
カ
サ
タ
ナ
ハ
マ
ヤ
ラ

No.104

［学名の意味］

半分イヌ

［学名］*Hemicyon*

ヘミキオン

フランスやアメリカ、中国など世界各地の新生代新第三紀の地層から化石が発見されているクマ類です。頭胴長1.5メートルほどでした。

イヌからクマへ

クマ類は、もともとイヌ類の仲間から進化した動物です。イヌ類はネコ類と共通祖先をもつグループで、新生代古第三紀に出現しました。

イヌ類は、地球環境が寒冷化し、各地に草原が広がっていく世界に適応してきたと考えられています。祖先は森の中で暮らしていましたが、進化の結果、草原で走り回って獲物を狩るようになったのです。

一方のクマ類は、多くのイヌ類の仲間とは異なり、あまり走り回ることに向いていません。草原向きではなく、森林などで暮らすことに向いたからだつきなのです。

ヘミキオンは、「半分イヌ」という意味が示しているように、クマ類ではあるものの、その特徴はイヌ類とよく似ています。たとえば、クマ類はかかとをつけて歩きますが、イヌ類はつま先で歩きます。ヘミキオンも同様につま先で歩いていたと考えられています。他のクマ類よりもヘミキオンはずっとアクティブだったのかもしれません。

No.105

［学名の意味］

螺旋状のノコギリ

［学名］*Helicoprion*

ヘリコプリオン

アメリカをはじめ、日本を含めて世界各地の古生代ペルム紀の地層から化石がみつかっている軟骨魚類です。鋭い歯が螺旋状（らせんじょう）に並んでいました。螺旋の長径は20センチメートル以上。螺旋をつくる歯の数は、110個以上もありました。

不思議な歯の正体

1899年に報告されたヘリコプリオンは、螺旋に並ぶ歯の化石だけが知られていました。しかし、その歯をもつ動物がどのような姿をしているのかは、よくわかっていませんでした。歯の持ち主がサメの仲間を含む軟骨魚類であるということは歯の形から明らかでしたが、いったいどんな軟骨魚類に、どのようにこの歯が配置されているのかが謎だったのです。

研究者たちは100年以上にわたってヘリコプリオンをめぐる解釈の試行錯誤を繰り返してきました。上顎が反り返った先にむき出

ヘリコプリオンの歯化石。

しの状態で螺旋構造がついたと考えられたり、実は歯ではなく背びれや尾びれの一部と考えられたりしたこともあります。

２０１３年になって、ヘリコプリオンをめぐる有力な仮説が提唱されました。ある化石の螺旋状の歯とそのまわりの岩を調べたところ、岩に顎の構造が残されていたのです。顎の構造から、螺旋状の歯は、下顎の中央（中心線に）に配置されていたこと、そして、軟骨魚類の中でも、全頭類（ギンザメの仲間）であることが示されたのです。現在では、この２０１３年の解釈がスタンダードになっています。

No.106

［学名の意味］

魔王のヒキガエル

［学名］*Beelzebufo*

ベルゼブフォ

マダガスカルに分布する中生代白亜紀末期の地層から化石が発見されたカエルです。頭胴長は41センチメートル、体重は4.5キログラムに達したと推測されている「史上最大のカエル」です。

悪魔の王

「ベルゼブフォ」の名前は、聖書において「魔神の君主」と呼ばれる「ベルゼブブ」と、現生のヒキガエルの学名である「ブフォ（*Bufo*）」に由来します。ベルゼブブは「ベルゼビュート」「ベールゼビュート」とも表記され、「悪魔の帝王」「地獄王国の最高君主」「冥府王国の君主」などとも呼ばれる存在です。権力と邪悪さでは、サタンに次ぐともいわれています。

とてつもなく巨大であるともされ、玉座も巨大、威圧感にあふれる風采とされます。その一方で、「蝿（はえ）の王」の異名ももち、巨大なハエの姿で描かれることもあります。

そのほか、恐ろしさを形容するにはさまざまな表現が用いられるほどの悪魔です。ハエと直接の関係はありませんが、それでも「史上最大のカエル」に対する研究者のイメージが伝わってきます。

No.107

［学名の意味］

ペルーのダイバー

［学名］*Perudyptes*

ペルディプテス

ペルーに分布する新生代古第三紀の地層から化石が発見されているペンギン類です。身長は75センチメートル前後で、長いクチバシが特徴でした。

アカサタナハマヤラ

暖かい場所にもいたペンギン

現生のペンギン類といえば、寒い地域で暮らす海鳥の代表的な存在です。

しかしかつてのペンギン類は、暖かい地域にも暮らしていました。ペルディプテスこそ、まさに「暖かい地域にいたペンギン類」です。

ペルディプテスの化石が発見された場所は、その名が示しているようにペルーです。その緯度は南緯14度34分とかなりの低緯度で、いわゆる熱帯、あるいは亜熱帯にあたります。大陸は移動するので、必ずしも現在の緯度が過去も同じだったとは限りません。しかし、ペルディプテスの生きていた時代のペルー南部の位置は、現在とさほど変わらない暖かい地域だったとみられています。

そして、その「生きていた時代」は、古第三紀の始新世の中期。この時代は、地球史上、かなり暖かかった時代であることがわかっています。

つまり、ペルディプテスは、暖かい時代に暖かい場所で暮らしていたのです。現生のペンギン類とはずいぶんちがう環境で生きていたことになります。

No.108

［学名の意味］

直立する人

［学名］*Homo erectus*

ホモ・エレクトゥス

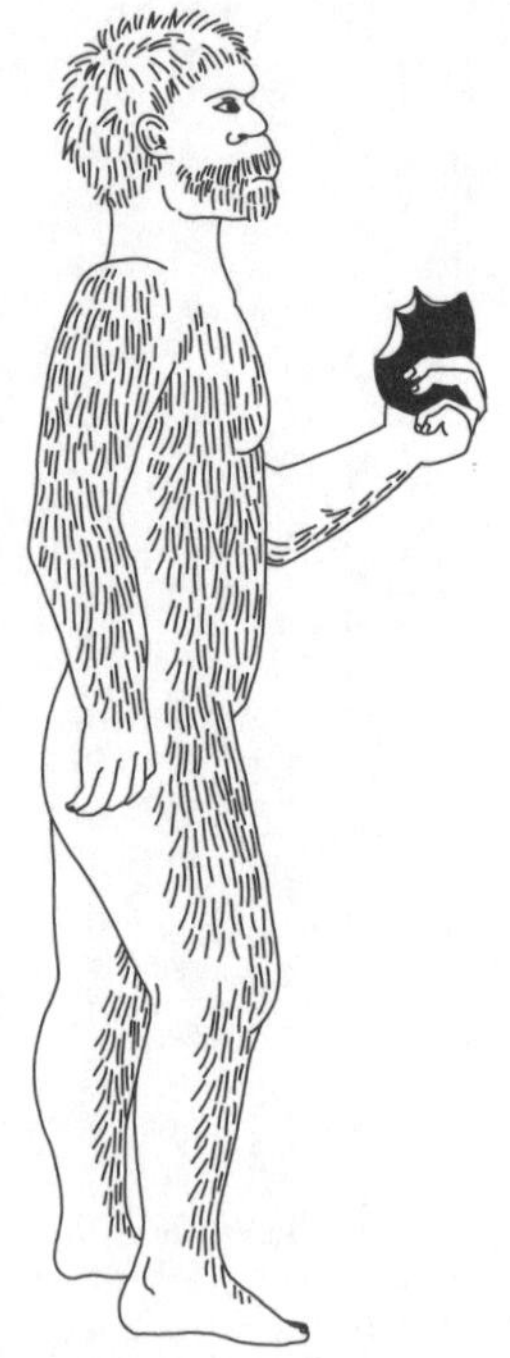

アフリカをはじめ、アジアでも化石がみつかっている絶滅人類です。現生人類のホモ・サピエンスとほぼ同じ体格でした。▶関連項目：ホモ・サピエンス（286ページ）。

人類の進化（歩行）

人類の歴史は約700万年前にはじまった、といわれています。しかし、その初期から現生人類のような姿で、現生人類と同じように歩いていたわけではありません。初期の人類は、森林の樹上で暮らしていました。そして、遅くとも約370万年前になると、草原への適応をはじめます。このころの人類は、「直立した類人猿」といった姿だったとみられています。

私たちと同じ「ホモ」属の人類は、遅くとも約230万年前に登場しました。ホモ・エレクトゥスは、ホモ属の中で「最古」とはいえなくても、「初期」の種の一つです。約190万年前に登場し、すくっと背筋をのばして歩く、現生人類と同じような二足歩行をしていたとみられています。

No.109

［学名の意味］

賢いヒト

［学名］*Homo sapiens*

ホモ・サピエンス

私たち現生人類の学名です。現在の地球に暮らす人類は、ホモ・サピエンス1種のみ。その歴史は、遅くとも31万5000年前にはじまったとみられています。

人類の進化（脳容量）

絶滅した古生物において、賢さの指標となるのが、「脳の容量」です。人類の脳容量は、進化にともなって増加の傾向をみることができます。

知られている限り最古の人類にあたるサヘラントロプス（*Sahelanthropus*）の脳容量は、320〜380立方センチメートルとされています。今から約720〜約600万年前の人類です。

そしてその後、約370万年前〜約300万年前に生息していたとされるアウストラロピテクス・アファレンシス（*Australopithecus afarensis*）の脳容量は、387〜550立方センチメートルでした。

約270万年前に登場した最古のホモ属であるホモ・ハビリス（*Homo habilis*）の脳容量は、600〜700立方センチメートルほど。約190万年前に登場したホモ・エレクトゥスの脳容量は、750〜1200立方センチメートルほどでした。▼関連項目：ホモ・エレクトゥス（284ページ）。

私たちホモ・サピエンスの脳容量は、1000～2000立方センチメートルといわれています。

厳密にいえば、「賢さ」は実際に行動を観察してみないとわかりません。

しかし、絶滅した人類の行動を観察することはできないので、脳容量をその一つの指標とすることはよくあります。その視点に立つと、たしかにホモ・サピエンスの脳容量は、過去から現在に至る人類の中で最も大きいのです。

No.110

［学名の意味］

たくさん折り曲げられたツノ

［学名］*Polyptychoceras*

ポリプチコセラス

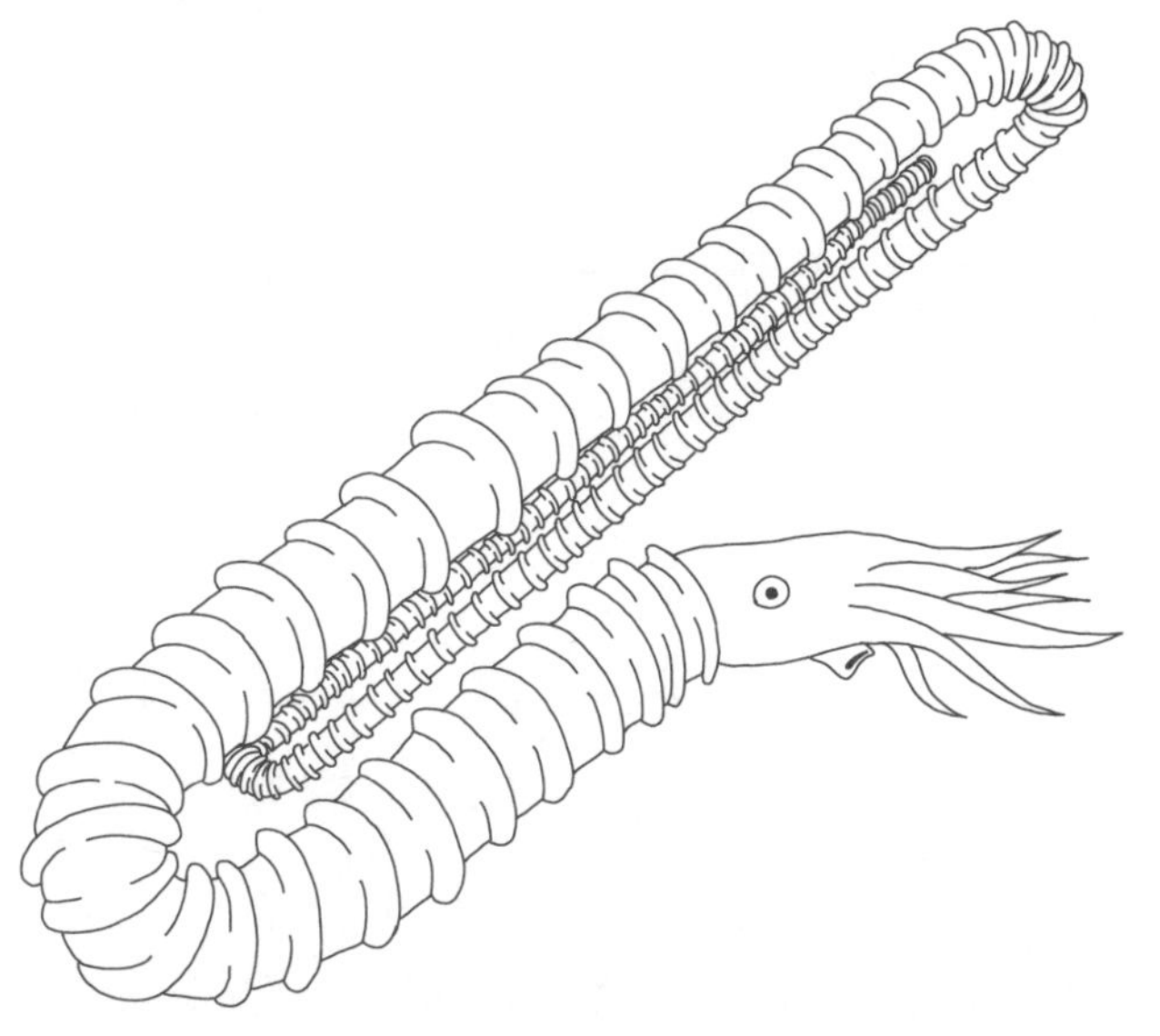

日本をはじめ、世界各地の中生代白亜紀後期の地層から化石がみつかっているアンモナイト類です。長径10センチメートル前後のものが多くあります。

折り曲げられた殻

「ツノ」を意味する「セラス」は、アンモナイトの名前にはよく見られる言葉です。アンモナイト類の殻は細長いツノのようなもので、一般によく知られる種の殻は、螺旋状に巻いています。

ポリプチコセラスは、そうした〝一般によく知られる種〟とは、一線を画した「異常巻きアンモナイト」の一つです。本書では、異常巻きアンモナイトの例として、ニッポニテスとバキュリテス、プラヴィトセラスを紹介してきました。▼関連項目：ニッポニテス・ミラビリス（201ページ）、バキュリテス（215ページ）、プラヴィトセラス・シグモイダレ（256ページ）。

ポリプチコセラスの殻は、その名が示すように「折り曲げられて」います。誕生当初、バキュリテスのようにまっすぐに成長した殻は、あるところまで大きくなると180度のターンをします。そしてまたまっすぐに成長し、あるところで180度のターンをします。このターンが平面的に3回以上繰り返されていることが、ポリプチコセラスの特徴です。

ア
カ
サ
タ
ナ
ハ
マ
ヤ
ラ

No.111

［学名の意味］

貪り食う

［学名］*Borophagus*

ボロファグス

アメリカ、メキシコ、ホンジュラスなどの新生代新第三紀の地層から化石がみつかっているイヌ類です。肩の高さが60センチメートルほどでした。

最強のイヌ

ボロファグスは、新第三紀の北アメリカにおける「最強の捕食者」として知られています。特徴はその頭部と歯です。

頭部を見ると、吻部(ふんぶ)は短く、全体的に頑丈で力強いつくりをしています。そして、その口に並ぶ歯は太く、特に奥歯はがっしりとしていました。この奥歯は、獲物を骨ごと噛(か)み砕くことができたとみられています。

この特徴から、ボロファグスは「ボーン・クラッシャー」とも呼ばれています。学名が意味するように、まさに獲物を「貪り食う」タイプの、恐ろしいイヌでした。

No.112

［学名の意味］

良き母のトカゲ

［学名］*Maiasaura*

マイアサウラ

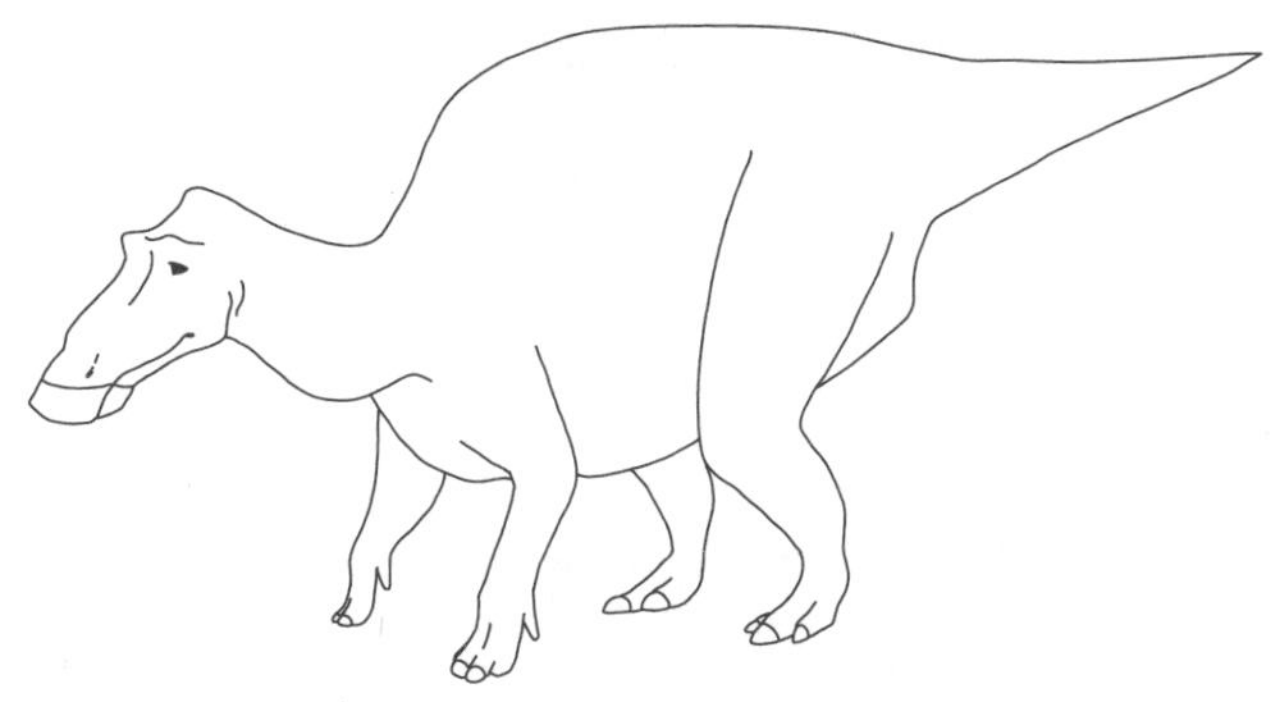

アメリカに分布する中生代白亜紀後期の地層から化石が発見された植物食恐竜です。全長は7メートルほどで、トゲやツノといった特徴はありません。

子育てする恐竜

マイアサウラは、成体、幼体、卵、巣の化石が発見されているという珍しい恐竜です。このうち、巣の中にいた幼体の化石は、まだ外を歩き回るほどにあしの関節が発達していなかったにもかかわらず、歯に植物をすりつぶしたであろう痕跡が残っていました。

このことから、マイアサウラは、未発達の幼体に対して、成体が餌となる植物を運んでいた可能性が指摘されています。「良き母」の意味は、この生態にちなむものです。もっとも、幼体の世話をしていたのが、母なのか、父なのか、兄なのか、姉なのか、それとも、血縁関係がない別の成体なのかはわかっていません。

No.113

［学名の意味］

母の魚

［学名］*Materpiscis*

マテルピスキス

オーストラリアに分布するデボン紀後期の地層から化石が発見された板皮類（絶滅した魚のグループの一つ）です。全長25センチメートルほどでした。

へその緒がある

化石で性別がわかることは稀です。雄なのか、雌なのか。はっきりしないことがほとんどです。

しかし、明らかに「雌」であるとわかるときがあります。それは、その胎内に卵や胎児が確認できる場合です。

発見されているマテルピスキスの化石は、雌のものでした。やがて子となる胚と、その胚に繋がるへその緒が体内に確認できたのです。もちろん、この特徴が名前の由来です。

へその緒があるということは、マテルピスキスが私たちと同じ胎生であることを意味しています。マテルピスキスの子は、母の胎内で栄養をもらいながら成長していったようです。

アカサタナハマヤラ

No.114

［学名の意味］

大きな獣

［学名］*Megatherium*

メガテリウム

南アメリカ各地の新生代新第三紀、第四紀の地層から化石がみつかっているナマケモノです。頭胴長6メートルに達しました。「オオナマケモノ」とも呼ばれています。

6トンもの巨体!?

ナマケモノといえば、現在では樹木にぶらさがってゆっくりと動く姿が有名でしょう。複数の現生種がいて、その中でも有名なノドチャミユビナマケモノ（*Bradypus variegatus*）は、頭胴長80センチメートル弱、体重5・5キログラムほどの大きさです。ノドチャミユビナマケモノと比べると、メガテリウムの巨大さがよくわかるでしょう。頭胴長は7倍を超え、体重は1000倍を超える6トンに達したとみられています。

これほどの巨体ですから、もちろん樹木に登ることはできません。地上で暮らしながら、その巨体と長い腕をいかし、背の高い樹木の木の葉を手繰り寄せて食べていたと考えられています。

No.115

［学名の意味］

大きな口

［学名］*Megamastax*

メガマスタックス

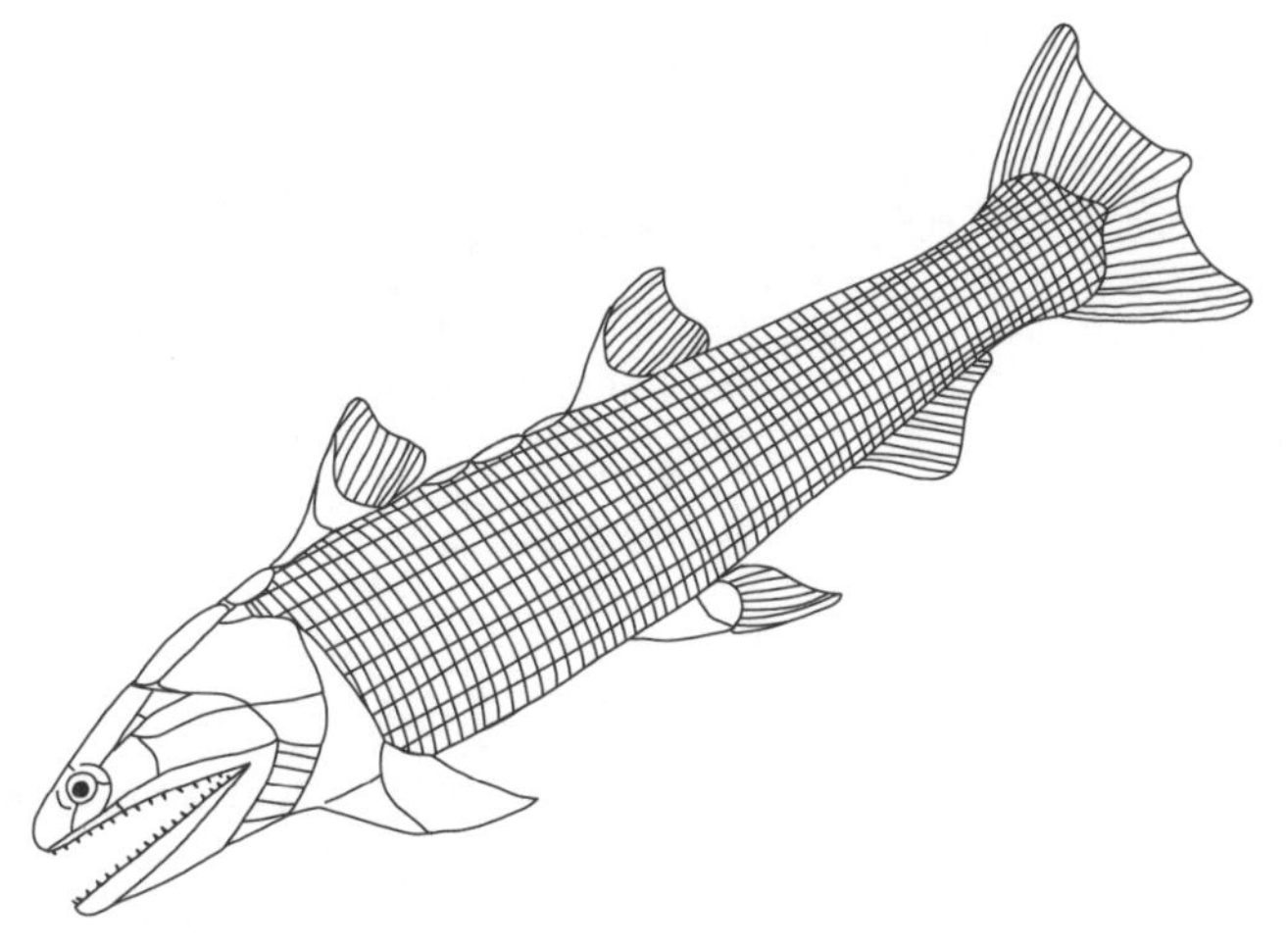

中国に分布する古生代シルル紀の地層から化石が発見されている肉鰭類（シーラカンスやハイギョを含む魚のグループ）です。全長は1メートルに達したといわれています。

想像以上に〝早かった〟魚の大型化

魚の進化史に注目したとき、「特に重要」と注目されているのは、古生代デボン紀です。この時代になるとメートル級の種が多数登場し、それまで海洋生態系の上位にいたウミサソリ類などの節足動物たちに〝下剋上〟を果たすことに成功します。海洋生態系の上位に脊椎動物がいるという世界観は、デボン紀に確立し、そして現在にまで続いているのです。

では、「デボン紀よりも前の魚たちは？」といえば、デボン紀の一つ前の時代であるシルル紀に顎のある魚が初めて登場したものの、シルル紀のうちはまだ大型化に成功しておらず、生態系の弱者だったとみられていました。

しかし２０１４年のメガマスタックスの発見によって、この〝常識〟が覆りました。発見された化石は下顎の一部だけですが、その大きさは13センチメートルに達したのです。この化石から推測される全長は１メートルにおよびました。

メガマスタックスの発見によって、思いの外、魚の大型化が早かったことが示されました。シルル紀当時、すでに魚は生態系の上位に存在していたのかもしれません。

No.116

［学名の意味］

大きなツノ＋巨大

［学名］*Megaloceros giganteus*

メガロケロス・ギガンテウス

ヨーロッパに分布する新生代第四紀の地層から化石が発見されているシカ類です。「オオツノジカ」「ギガンテウスオオツノジカ」「アイリッシュエルク」などと呼ばれます。肩高は1.8メートルほどでした。

とにかく大きい

種名の中に「メガ」「ギガ」と「巨大」を意味する接頭語が二つも入っています。「ツノ」を意味する「ケロス」の文字が示すように、「巨大」なのは「ツノ」です。左のツノの左端から、右のツノの右端までの幅が、実に3メートルに達しました。日本を走る一般的な電車車両の横幅は、3メートル弱。したがって、メガロケロスのツノの左右幅は、電車車両の幅よりも広かったことになります。その巨大さは、同じ時代を生きていた太古の人類にも衝撃だったようで、フランスのラスコー洞窟に残された約2万年前の壁画にもその姿が描かれています。

ア
カ
サ
タ
ナ
ハ
マ
ヤ
ラ

No.117

［学名の意味］

マース川のトカゲ

［学名］*Mosasaurus*

モササウルス

世界各地の中生代白亜紀後期の地層から化石が発見されているモササウルス類（海棲爬虫類（かいせいはちゅうるい）の1グループ）の代表です。大きな頭部に、長い胴体、ひれになった四肢をもち、尾の先には尾びれもあったとみられています。全長は15メートルに達しました。

地球史に〝輝く〟都市との関係

名前の由来となっているマース川は、フランスからベルギー、そしてオランダを流れ、北海へと注ぐ川です。

この流域には、古生物学……というよりも、地球科学上特に有名な都市があります。その都市の名前は、マーストリヒト。ベルギーとの国境に近い都市です。モササウルスの最初の化石は、この都市の近郊でみつかりました。

マーストリヒトが「地球科学上特に有名」である理由は、その名前が地質時代名として使用されているからです。

地質時代は、中生代などの「代」の下位に、白亜紀などの「紀」があります。その下に「期」があって、さらに細分化されています。たとえば、白亜紀は12の期に分けることができます。

そして、白亜紀の最後の期の名前が「マーストリヒト期」です。あるいは、「期」を使わずに「マーストリヒチアン」と呼ばれます。もちろん、都市マーストリヒトにちなむ名前です。約7200万～6600万年前の600万年間に相当します。

白亜紀最後の期といえば、ティラノサウルスをはじめとする〝著名な恐竜〟が生きていた時代であり、隕石衝突で幕を閉じた時代です。モササウルスの名前の由来のもとである「マース川」と都市「マーストリヒト」は、地球史上最も知名度の高い古生物たちが生き、そして滅んだ時代でもあるのです。

No.118

［学名の意味］

広い翼

［学名］*Eurypterus*

ユーリプテルス

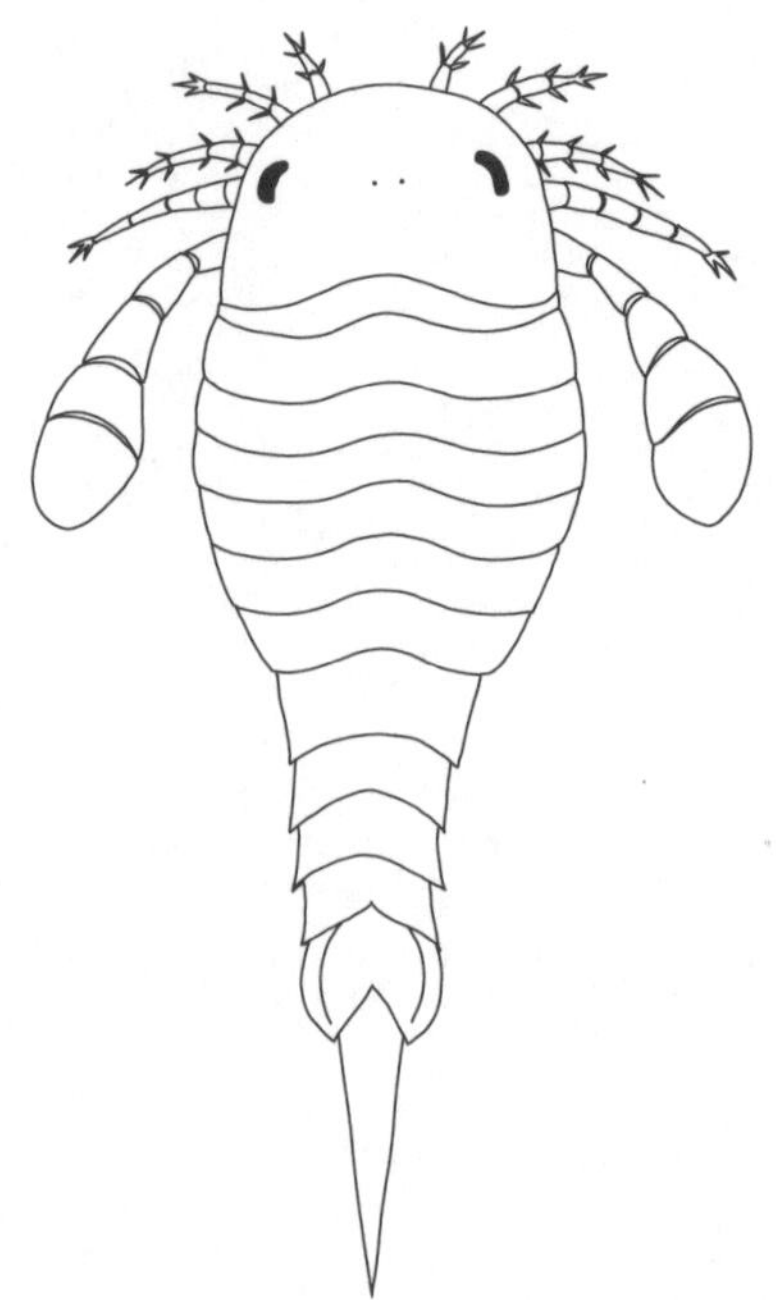

世界各地の古生代シルル紀、デボン紀、石炭紀の地層から化石が発見されているウミサソリ類です。全長は大きなもので20センチメートルほどでした。

グループ名になる

ウミサソリ類には、6対12本の足（付属肢）があります。このうち、第1付属肢は小さく頭部の底にあり（そのため、真上から見た場合は見えず）、第6付属肢は、その先端が平たく、幅広くなっていて、「翼」のように見えます。このつくりが、「ユーリプテルス」という名前の由来です。▼関連項目：プテリゴトゥス（254ページ）。

そもそもウミサソリ類は、「広翼類」とも呼ばれています。英語では「Eurypterid」です。ユーリプテルスに用いられている単語が使われているのです。

No.119

［学名の意味］

羽毛のある暴君

［学名］*Yutyrannus*

ユティラヌス

中国に分布する中生代白亜紀前期の地層から化石が発見されている肉食恐竜です。ティラノサウルス（181ページ）とその近縁種で構成されている「ティラノサウルス類」に属しています。全長は9メートルほどで、全身を覆う羽毛が確認されています。

大型なのに羽毛がある？

羽毛の役割は、体温を保つことにあると考えられています。ユティラヌスの化石が発見されるまでは、全長数メートル程度の小型恐竜だけが羽毛をもつと考えられていました。小型であればあるほど体温を失いやすく、大型であればあるほど体温を失いにくいからです。特に肉食恐竜たちが属する「獣脚類」という恐竜グループは、鳥類とその近縁の恐竜たちで構成されていることもあり、小型の獣脚類には鳥類と同じような羽毛があることが〝定説〟とみられています。

全長9メートルのユティラヌスは、こうした「小型の獣脚類」とは一線を画する存在です。9メートルというサイズは、間違っても「小型」とはいえません。ただし、その生息場所は、1年間の平均気温が10度という寒冷な地域でした。寒い地域に生きていたからこそ、大型種であっても全身を羽毛で覆っていたのではないか、とみられています。

ティラノサウルス羽毛論争

全長9メートルの大型種であるユティラヌスが羽毛に覆われていたのならば、全長13メートルのティラノサウルスも羽毛で覆われていたのではないか。そのような考えもあり、2010年代には羽毛に覆われたティラノサウルスの復元画もつくられました。

しかし、ユティラヌスは寒冷な地域に生息していましたが、ティラノサウルスの生息地域は温暖だったことがわかっています。また、同じ「大型種」とはいえ、ティラノサウルスの全長はユティラヌスの1・4倍、体重にいたっては、9倍近い重さがありました。

そのため、ティラノサウルスには羽毛が必要ないという考えもありました。2010年代に描かれたティラノサウルスには、「羽毛のある復元」と「羽毛のない復元」の両方が存在していたのです。

2017年、ティラノサウルスの「鱗(うろこ)の化石」が報告されました。ティラノサウルスは、羽毛ではなく、鱗で覆われていた可能性が高くなったのです。現在では、ティラノサウルスには羽毛はなかったか、あるいは、あったとしても、背中の一部、腕の一部など、保温に関係しない場所だけだったのではないか、との見方が優勢です。▼関連項目：ティラノサウルス（181ページ）。

No.120

［学名の意味］

リヴァイアサン

［学名］*Livyatan*

リヴィアタン

ペルーに分布する新生代新第三紀の地層から化石が発見されたクジラ類です。現生のマッコウクジラの仲間とされていますが、マッコウジラとはちがって上顎にも歯をもっていました。全長は17.5メートルに達したとされています。

海の怪物

学名の由来でもある「リヴァイアサン」は、伝説上の「海の怪物」です。「地獄の海軍提督」の異名をもっています。

その姿は、巨大な魚であるとも、クジラであるともされ、神によって創造された存在と位置付けられています。ただし、最初に雌雄の2匹のリヴァイアサンが創造されたものの、あまりにもその性質が乱暴だったため、神は雌を殺したとか。

なぜ、リヴァイアサンではない？

リヴァイアサンは、日本においては、さまざまな創作物に登場する海の怪物です。もともとこのクジラの学名も「*Leviathan*」と表記されていました。カタカナで「リヴァイアサン」と表記できる綴(つづ)りだったのです。

しかし、学名発表直後に「*Leviathan*」は、絶滅した大型の陸上哺乳類に使用されていることが判明し、「*Livyatan*」に変更されたのです(先取権の原則)。なお、実は「*Livyatan*」こそが、この怪物が記録されていた旧約聖書の言語であるヘブライ語の綴りです。そして、「*Leviathan*」は、「*Livyatan*」をラテン語に変換して表記したものでした。

ア
カ
サ
タ
ナ
ハ
マ
ヤ
ラ

No.121

［学名の意味］

オオカミのような顔

［学名］*Lycaenops*

リカエノプス

南アフリカやザンビアなど、アフリカ各地の古生代ペルム紀の地層から化石がみつかっている単弓類（哺乳類とその近縁種を含むグループ）です。全長1メートルほどで、鋭い牙をもっていました。

オオカミのようで、オオカミではない

リカエノプスは、「ゴルゴノプス類」というグループの代表的な存在です。ゴルゴノプス類の動物たちは、種によって多少のちがいはあるものの、みな、どことなく（強いていえば）オオカミのような顔つきをしています。その頭部が前後に長く、牙が発達しているのです。

しかしゴルゴノプス類は、オオカミではありません。哺乳類に近縁であり、哺乳類とともに単弓類を構成する1グループですが、哺乳類そのものと祖先・子孫の関係がありません。そもそも古生代には、哺乳類はまだ出現していないのです。

ゴルゴノプス類は、ペルム紀の後半に大いに栄え、各地で陸上生態系の頂点に君臨していました。しかし、ペルム紀末の大量絶滅事件で姿を消してしまいます。単弓類が生態系の頂点の座を奪還するためには、ペルム紀末の大量絶滅事件後に台頭した爬虫類（はちゅうるい）……特に恐竜類が衰退するまで、1億8000万年以上も待たなければなりませんでした。

No.122

［学名の意味］

ライニー

［学名］*Rhynia*

リニア

イギリスに分布する古生代デボン紀前期の地層から化石が発見された植物です。「リニア植物」と呼ばれる植物群の代表的な存在でもあります。生命史上、初期の陸上植物の一つとしても知られています。とてもシンプルなつくりをしており、花も葉ももっていませんでした。高さ20センチメートルほどにまで成長したとされています。

化石鉱脈「ライニー」

世界各地に分布するさまざまな地層の中には、例外的に保存状態の良い化石を産出する地層があります。そうした地層は、「化石鉱脈」と呼ばれています。

イギリスの北部、スコットランドのライニー村の片隅にある「ライニーチャート」もそうした化石鉱脈の一つです。そこでは、初期の陸上植物群が「チャート」と呼ばれる硬い岩石の中に含まれています。

アカサタナハマヤラ

No.123

［学名の意味］

鱗の木

［学名］*Lepidodendron*

レピドデンドロン

世界各地に分布する古生代デボン紀、石炭紀、ペルム紀、中生代三畳紀の地層から化石が発見されているシダ植物です。とくに石炭紀のものが有名で、当時の大森林の構成要素の一つでした。樹高40メートルにまで成長したと考えられています。

木に「鱗」？

レピドデンドロンの樹皮には、ひし形の構造がびっしりと並んでいます。これが「鱗の木」という学名の由来です。ひし形が魚の鱗（うろこ）のように見えるためです。

ひし形の正体は、もともと葉があった場所です。成長にともなってその葉が落ち、付け根の形が樹皮に残されました。この特徴から、レピドデンドロンのことは「鱗木（りんぼく）」とも呼ばれています。

No.124

［学名の意味］

爬虫類のような哺乳類

［学名］*Repenomamus*

レペノマムス

中国に分布する中生代白亜紀前期の地層から化石が発見されている哺乳類です。頭胴長80センチメートルに達し、中生代の哺乳類としてはかなりの大型でした。がっしりとした顎をもち、恐竜類の幼体を捕食したことで知られています。

絶滅した哺乳類グループ

レペノマムスは哺乳類ですが、爬虫類的な特徴ももっています。頭骨のつくりが、哺乳類のものというよりは、爬虫類にみられるものに近いことがその名の由来です。こうした特徴をもつ哺乳類は、他の哺乳類よりも原始的な存在であると考えられています。

レペノマムスの属する哺乳類グループは、「三錐歯類」と呼ばれています。三錐歯類は白亜紀に大いに繁栄しましたが、白亜紀末の大量絶滅事件を乗り越えることなく絶滅しました。恐竜類を捕食するような大型種がいても、新生代まで子孫を残すことはできなかったのです。

おわりに

本書には、125種類の古生物の学名の由来とその〝物語〟を収録しました。もちろん、本書に収録することができた古生物は全体から見れば、ほんの一部です。本書に収録しきれなかった古生物の学名の由来は、ぜひ、ご自分で調べてみてください。学名が命名された論文は、英語で書かれています。最近では、インターネットを通じて無料で入手できる論文も増えました。学名を命名した論文の多くには、「Etymology」という項目があります。「Etymology」とは「語源学」という意味です。この項目を読むと、研究者がどのような意図で命名したのかが見えてきます。

自分で学名を命名したい、という人もいると思います。「この古生物には、こっちの名前の方が相応しいのではないか」「ああ、あの人の名前をつけてあげたいな」などなど。自分で学名を命名したい場合は、世界中の研究者が認める学術論文を書かなくてはいけません。学術論文を書いて投稿し、審査を受けて「まだ学名がついていない生物だ」と判断された場合のみ、自分の考えた名前をつけることができます。

勘違いされることが多いのですが、新種の「発見者」は、必ずしも「命名者」ではありません。とくに古生物学においては、新種の化石はしばしばアマチュアの愛好家によって発見されます。日本の有名な例としては、フタバサウルス（249ページ）やカムイサウルス（89ページ）がそうです。

自分で学名を命名したい人は、ぜひ、研究者をめざしてみてください。学問を始めるタイミングに「遅い」はありません。あなたが何歳でも、スタートできます。

本書は、古生物学者であり、恐竜学研究所の芝原暁彦さんにご監修いただきました。今回もお忙しい中、細部までありがとうございました。全編にわたる、ほんわかした素晴らしいイラストは、谷村諒さんの作品です。デザインは、ツー・スリーの金井久幸さん、藤星夏さん。編集はイースト・プレスの黒田千穂さんという陣容で制作しました。

最後になりましたが、本書を手にとっていただいたみなさまに、改めて感謝申し上げます。ありがとうございます。本書がみなさんの〝古生物ライフ〟の一助になれば幸いです。

筆者

[キーワード索引]

学名索引

参考文献

もっと詳しく知りたい読者のための参考資料。本書を執筆するにあたり、とくに参考にした主要な文献は次の通り。※本書に登場する年代値は，とくに断りのないかぎり、International Commission on Stratigraphy，2020/01，INTERNATIONAL STRATIGRAPHIC CHARTを使用している

[一般書籍]

『あぁ、愛しき古生物たち』監修：芝原暁彦，著：土屋 健，絵：ACTOW，2018年刊行，笠倉出版社
『アイヌ文化で読み解く「ゴールデンカムイ」』
著：中川 裕，イラスト：野田サトル，2019年刊行，集英社
『アノマロカリス解体新書』
監修：田中源吾，著：土屋 健，絵：かわさきしゅんいち，2020年刊行，ブックマン社
『岩波=ケンブリッジ 世界人名辞典』編集：デイヴィド クリスタル，1997年刊行，岩波書店
『エディアカラ紀・カンブリア紀の生物』
監修：群馬県立自然史博物館，著：土屋 健，2013年刊行，技術評論社
『学研の図鑑LIVE 古生物』監修：加藤太一，2017年刊行，学研プラス
『カメの来た道』著：平山 廉，2007年刊行，NHKブックス
『旧約聖書 創世記』1967年刊行，岩波書店
『恐竜学入門』著：David E. Fastovsky, David B. Weishampel，2015年刊行，東京化学同人
『恐竜・古生物ビフォーアフター』
監修：監修：群馬県立自然史博物館，著：土屋 健，2019年刊行，イースト・プレス
『恐竜の教科書』著：ダレン・ナイシュ，ポール・バレット，2019年刊行，創元社
『古生物学事典 第2版』編集：日本古生物学会，2010年刊行，朝倉書店
『古脊椎動物図鑑』著：鹿間時夫，1979年刊行，朝倉書店
『古第三紀・新第三紀・第四紀の生物 上巻』
監修：群馬県立自然史博物館，著：土屋 健，2016年刊行，技術評論社
『古第三紀・新第三紀・第四紀の生物 下巻』
監修：群馬県立自然史博物館，著：土屋 健，2016年刊行，技術評論社
『ザ・パーフェクト』監修：小林快次，櫻井和彦，西村智弘，著：土屋健，2016年刊行，誠文堂新光社
『三畳紀の生物』監修：群馬県立自然史博物館，著：土屋 健，2015年刊行，技術評論社
『地獄の辞典』著：コラン・ド・プランシー，1990年刊行，講談社
『ジュラ紀の生物』監修：群馬県立自然史博物館，著：土屋 健，2015年刊行，技術評論社
『新版 古事記』2009年刊行，角川学芸出版
『新版図説種の起源』著：チャールズ・ダーウィン，1997年刊行，東京書籍
『人類の進化大図鑑』編著：アリス・ロバーツ，2012年刊行，河出書房新社
『図説 エジプトの神々事典』
著：ステファヌ・ロッシーニ，リュト・シュマン=アンテルム，2007年刊行，河出書房新社
『生命史図譜』監修：群馬県立自然史博物館，著：土屋 健，2017年刊行，技術評論社論社
『世界神話伝説大事典』編：篠田知和基，丸山顕徳，2016年刊行，勉誠出版
『世界の恐竜MAP 驚異の古生物をさがせ！』
監修：芝原暁彦，著：土屋 健，イラスト：ActoW，阿部伸二，2016年刊行，エクスナレッジ
『石炭紀・ペルム紀の生物』監修：群馬県立自然史博物館，著：土屋 健，2014年刊行，技術評論社
『ゾルンホーフェン化石図譜 I』著：K. A. フリックヒンガー，2007年刊行，朝倉書店
『ティラノサウルスはすごい』監修：小林快次，著：土屋 健，2015年刊行，文藝春秋
『デボン紀の生物』監修：群馬県立自然史博物館，著：土屋 健，2014年刊行，技術評論社
『歩行するクジラ』著：J. G. M. シューウィセン，2018年刊行，東海大学出版部
『ミレニアム・ファルコン オーナーズ・ワークショップ・マニュアル』
著：ライダー・ウィンダム，クリス・リーフ，クリス・トレヴァス，2019年刊行，大日本絵画
『ゆるゆる神様図鑑　古代エジプト編』
著：大城道則，橋本ゆきみ，2019年刊行，ダイヤモンド・ビッグ社
『リアルサイズ古生物学事典 古生代編』
監修：群馬県立自然史博物館，著：土屋 健，2018年刊行，技術評論社
『Newtonムック ビジュアルブック 骨』2010年刊行，ニュートンプレス
『Arthropod Relationships』編集：Richard A. Fortey，Richard H. Thomas，1997年刊行，Springer
『Earth Science: Decade by Decade』著：Christina Reed，2008年刊行，Facts on File
『The Great Apes: A Short History』著：Chris Herzfeld，2017年刊行，Yale University Press

[雑誌記事]

『人類誕生のヒミツ』取材・文：土屋 健，子供の科学2016年１月号，p12-21，誠文堂新光社

[プレスリリース]

むかわ竜を新属新種の恐竜として「カムイサウルス・ジャポニクス（*Kamuysaurus japonicus*）」と命名，2019年9月6日，北海道大学・穂別博物館・筑波大学

[WEBサイト]

足寄町, https://www.town.ashoro.hokkaido.jp/
浦河町, https://www.town.urakawa.hokkaido.jp/
加賀藩, 金沢・富山県西部広域観光推進協議会, http://kagahan.jp/
桑島化石壁, 白産の自然誌 30, 石川県白山自然保護センター, https://www.pref.ishikawa.lg.jp/hakusan/publish/sizen/documents/sizen30.pdf
篠山の哺乳類化石はかわいい? 学名は「ササヤマミロス・カワイイ」,
産経WEST, https://www.sankei.com/west/news/130404/wst1304040062-n1.html
白山市, http://www.city.hakusan.ishikawa.jp/index.html
羽幌町, https://www.town.haboro.lg.jp/
福井県の恐竜発掘, 福井県立恐竜博物館, https://www.dinosaur.pref.fukui.jp/dino/excavation/
北海道アイヌ協会, https://www.ainu-assn.or.jp/
南三陸町, https://www.town.minamisanriku.miyagi.jp/
GAMERA, KADOKAWA, http://gamera-50th.jp/
GODZILLA, 東宝, https://godzilla.jp/
Harry Whittington, nature, https://www.nature.com/articles/466706a
The Dinosaur FAQ, Mike Taylor, http://www.miketaylor.org.uk/dino/faq/index.html

[学術論文]

矢島道子, 2010, 日本古生物学会創立75周年記念年表補遺, 化石, vol.88, p35-38
Jens Lorenz Franzen, Philip D. Gingerich, Jörg Habersetzer, Jørn H. Hurum, Wighart von Koenigswald, B. Holly Smith, 2009, Complete Primate Skeleton from the Middle Eocene of Messel in Germany: Morphology and Paleobiology, PLoS ONE, 4(5): e5723. doi:10.1371/journal.pone.0005723
Jie Yanga, Javier Ortega-Hernándezb, Sylvain Gerberb, Nicholas J. Butterfieldb, Jin-bo Houa, Tian Lana, Xi-guang Zhanga, 2015, A superarmored lobopodian from the Cambrian of China and early disparity in the evolution of Onychophora, PNAS, doi/10.1073/pnas.1505596112
J. Moysiuk, J.-B. Caron, 2019, A new hurdiid radiodont from the Burgess Shale evinces the exploitation of Cambrian infaunal food sources, Proc. R. Soc. B, 286:20191079, http://dx.doi.org/10.1098/rspb.2019.1079
Kenneth Carpenter, 1997, A Giant Coelophysoid (Ceratosauria) Theropod from the Upper Triassic of New Mexico, USA, N. Jb. Geol. Palaont. Abh., vol.205, no.2, p189-208
Kenshu Shimada, 2019, The size of the megatooth shark, *Otodus megalodon* (Lamniformes: Otodontidae), revisited, Historical Biology, DOI: 10.1080/08912963.2019.1666840
Konami Ando, Shin-ichi Fujiwara, 2016, Farewell to life on land – thoracic strength as a new indicator to determine paleoecology in secondary aquatic mammals, Journal of Anatomy, doi: 10.1111/joa.12518
Li Jinling, Wang Yuan, Wang Yuanqing, Li Chuankui, 2001, A new family of primitive mammal from the Mesozoic of western Liaoning, China, Chinese Science Bulletin, vol.46, no.9, p782-785
Nao Kusuhashi, Yukiyasu Tsutsumi, Haruo Saegusa, Kenji Horie, Tadahiro Ikeda, Kazumi Yokoyama, Kazuyuki Shiraishi, 2013, A new Early Cretaceous eutherian mammal from the Sasayama Group, Hyogo, Japan, Proc R Soc B, 280: 20130142, http://dx.doi.org/10.1098/rspb.2013.0142
Olivier Lambert, Giovanni Bianucci, Klaas Post, Christian de Muizon, Rodolfo Salas-Gismondi, Mario Urbina, Jelle Reumer, 2010, The giant bite of a new raptorial sperm whale from the Miocene epoch of Peru, nature, vol.466, p105-108
Olivier Lambert, Giovanni Bianucci, Klaas Post, Christian de Muizon, Rodolfo Salas-Gismondi, Mario Urbina, Jelle Reumer, 2010, The giant bite of a new raptorial sperm whale from the Miocene epoch of Peru, nature, vol.466, p1134, CORRIGENDUM
Peter Van Roy, Allison C. Daley, Derek E. G. Briggs, 2015, Anomalocaridid trunk limb homology revealed by a giant filter-feeder with paired flaps, nature, vol.522, p77-80
Qiang Ji, Zhe-Xi Luo, Chong-Xi Yuan, John R. Wible, Jian-Ping Zhang, Justin A. Georgi, 2002, The earliest known eutherian mammal, nature, vol.416, p816-822
Sebastián Apesteguía, Hussam Zahe, 2006, A Cretaceous terrestrial snake with robust hindlimbs and a sacrum, nature, vol.440, p1037-1040
Susan E. Evans, Marc E. H. Jones, David W. Krause, 2008, A giant frog with South American affinities from the Late Cretaceous of Madagascar, PNAS, vol.105, no.8, p2951-2956
Takuya Imai, Yoichi Azuma, Soichiro Kawabe, Masateru Shibata, Kazunori Miyata, Min Wang, Zhonghe Zhou, 2019, An unusual bird (Theropoda, Avialae) from the Early Cretaceous of Japan suggests complex evolutionary history of basal birds, COMMUNICATIONS BIOLOGY, 2:399, https://doi.org/10.1038/s42003-019-0639-4
W. Scott Persons, IV, Philip J. Currie, Gregory M. Erickson, 2019, An Older and Exceptionally Large Adult Specimen of *Tyrannosaurus rex*, The Anatomical Record, Special Issue Article
Yoshitsugu Kobayashi, Tomohiro Nishimura, Ryuji Takasaki, Kentaro Chiba, Anthony R. Fiorillo, Kohei Tanaka, Tsogtbaatar Chinzorig, Tamaki Sato, Kazuhiko Sakurai, 2019, A New Hadrosaurine (Dinosauria:Hadrosauridae) from the Marine Deposits of the Late Cretaceous Hakobuchi Formation, Yezo Group, Japan, Scientific Reports, 9:12389, https://doi.org/10.1038/s41598-019-48607-1

[監修] **芝原暁彦**（しばはら・あきひこ）
古生物学者、恐竜学研究所客員教授。博士（理学）。1978年福井県出身。18歳から20歳まで福井県の恐竜発掘に参加し、その後は北太平洋などで微化石の調査を行う。筑波大学で博士号を取得後は、（国研）産業技術総合研究所で化石標本の3D計測やVR展示など、博物館展示と地球科学の可視化に関する研究を行った。2016年には産総研発ベンチャー地球技研を設立、「未来の博物館」を創出するための研究を続けている。監修に『化石ドラマチック』（イースト・プレス）など。著書に『地質学でわかる！　恐竜と化石が教えてくれる世界の成り立ち』（実業之日本社）がある。

[著] **土屋 健**（つちや・けん）
サイエンスライター。オフィス ジオパレオント代表。日本地質学会員、日本古生物学会員。金沢大学大学院自然科学研究科で修士号を取得（専門は地質学、古生物学）。その後、科学雑誌『Newton』の編集記者、部長代理を経て、現職。
古生物に関わる著作多数。『リアルサイズ古生物図鑑古生代編』（技術評論社）で、「埼玉県の高校図書館司書が選ぶイチオシ本2018」で第1位などを受賞。2019年、サイエンスライターとして初めて古生物学会貢献賞受賞。近著に『パンダの祖先はお肉が好き!?』（笠倉書店）、『恐竜・古生物No.1図鑑』（文響社）、『リアルサイズ古生物図鑑　新生代編』（技術評論社）など。

[絵] **谷村 諒**（たにむら・りょう）
化石や古生代の生物をモチーフにイラストを手掛け、「ZUCKER」として、雑貨や絵本を制作・販売する。イラストを担当した書籍に「知識ゼロでもハマる面白くて奇妙な古生物たち」などがある。

学名（がくめい）で楽（たの）しむ恐竜（きょうりゅう）・古生物（こせいぶつ）

2020年9月25日　初版第1刷発行

著者　土屋健（つちやけん）
監修　芝原暁彦
絵　谷村 諒
装丁・本文デザイン　金井久幸＋藤 星夏［TwoThree］
校正　荒井 藍
DTP　松井和彌
企画・編集　黒田千穂
発行人　北畠夏影
発行所　イースト・プレス
〒101-0051
東京都千代田区神田神保町2-4-7 久月神田ビル
Tel.03-5213-4700
Fax.03-5213-4701
https://www.eastpress.co.jp
印刷所　中央精版印刷株式会社

ISBN978-4-7816-1920-0